Stretched Too Thin

职场妈妈平衡术

90分幸福法则

【美】杰西卡·特纳著　石灵均 译

世界图书出版公司
北京·广州·上海·西安

版权登记号:01-2019-2290
图书在版编目(CIP)数据

职场妈妈平衡术:90 分幸福法则 /(美)杰西卡·特纳著;石灵均译 .— 北京:世界图书出版有限公司北京分公司,2019. 5

书名原文:Stretched Too Thin

ISBN 978-7-5192-6214-3

I. ①职… II. ①杰… ②石… III. ①女性-成功心理-通俗读物 IV. ①B848. 4-49

中国版本图书馆 CIP 数据核字(2019)第 080992 号

书　　名　职场妈妈平衡术:90 分幸福法则
ZHICHANG MAMA PINGHENG SHU:90 FEN XINGFU FAZE
著　　者　杰西卡·特纳
译　　者　石灵均
责任编辑　尹天怡　倪艳霞
特约编辑　光丽姣

出版发行　世界图书出版有限公司北京分公司
地　　址　北京市东城区朝内大街 137 号
邮　　编　100010
电　　话　010-64038355(发行)　64037380(客服)　64033507(总编室)
网　　址　http://www. wpcbj. com. cn
邮　　箱　wpcbjst@ vip. 163. com
销　　售　各地新华书店
印　　刷　北京中科印刷有限公司
开　　本　787 mm×1092 mm　1/16
印　　张　23
字　　数　552 千字
版　　次　2019 年 5 月第 1 版
印　　次　2019 年 5 月第 1 次印刷
印　　数　1—8000
国际书号　ISBN 978-7-5192-6214-3
总 定 价　56.00 元(全两册)

引言

九月中旬的一个星期六，我的小儿子埃兹拉（Ezra）和我的女儿阿德琳（Adeline）一起在客厅的圆形地毯上玩积木，这张地毯正好铺在凸窗和几排书架的前面，孩子们喜欢长时间在那里玩玩具。几个小时前，我们吃早餐的时候，不小心把麦片撒落在地毯上。从客厅旁边的壁橱边传来洗衣机不停转动的声音。我坐在沙发上回复几封工作邮件，希望自己赶在周五前完成工作，早点离开办公室。当孩子们玩耍的时候，我不经意地瞅了他们一眼，然后深吸一口气，微笑着，我不想错过这简单而又幸福的瞬间。

对于外人而言，在普通家庭里，这个场景似乎是一个再普通不过的瞬间。他们或许是这么认为的，但对我而言，我似乎看到了更多美好的场景。

我的孩子们，正在开心玩耍。

家务事儿，一切就绪。

短短的自由时间，我能够做自己应该做的事情。

在一定程度上，这一幕反映了我的幸福生活与大好时光。你的生活场景可能会与我的不同，但幸福快乐的感觉是一样的。

你应该能体会我所指的那种感觉，在你的内心世界里，你的一切

(或几乎一切)都是正确的。你感觉平静,感觉开心,感觉自己还活着。

几周后,万圣节即将来临。午休时,我给我的丈夫马修(Matthew)打电话谈论如何安排即将到来的周末:在我家楼顶上,我的长子伊莱亚斯(Elias)正在忙活着举办本赛季的足球派对,而我要赶着写作(因为距离我交稿的最后期限只有十天了);我很想去南瓜园,但是,我的内心又非常纠结,因为农场规定的对外开放时间是星期六上午 10 点至下午 5 点,星期天下午 1 点至 5 点。我们都有午睡的习惯,而在午睡前的那段时间里,我们又要忙着为孩子们举办足球派对。当我为自己的决定踌躇不前的时候,我哭了起来。

是的,我伤心地哭泣是因为我非常渴望去南瓜园。

对我而言,南瓜园代表着我们全家人开始步入秋天的生活,我们能一起欢度万圣节(这是一年中我最喜欢的节日),并且这也是我们家的传统(我们每年都会拜访此地)。由于我的工作繁忙,我已经错过了许多传统活动,当我坐在帕内拉的停车场和丈夫通电话商量这件事情的时候,我忍不住在电话里伤心地哭起来。对于我崩溃的反应,我的丈夫立即温和而又耐心地向我保证说:“亲爱的,我们是可以做到的。”他的话是正确的,后来,我们的确做到了。我一大早就开始写作,然后我们去了南瓜园,随后举办了足球派对,我的孩子们午睡了,我也完成了我的工作。甚至在晚上,我还有时间做手工品。

以上两个例子正好体现了作为职场妈妈的两面性。有些星期,我们的时间比较充裕,我们似乎可以灵活自由地安排我们的时间。当然，也有一些星期，我们会因为同计划冲突遗憾地“错过”机会。

作为职场妈妈，我们不断地抉择如何或者怎样才能有效利用我们的时间。我们需要做的不是为内疚而纠结，或者拿选择做比较，而是要更多地不断输出快乐与关爱，过上更美好的生活。

为人之母不是一件轻而易举之事，它教会了我很多。当我有意识地花时间认真倾听家人的意见，照顾好自己，热爱我所做的工作时，我发现自己的能力大长。当然，也有可能厨房橱柜上还有没洗的盘子，脏衣篮里还有衣服没洗，但是这些都没有关系。我总会制订系统的计划来确保我需要的尿布和卫生纸随手可得。即便我已经完成的这些事情并不总是如我的意，但一切计划中的事项都能完成。

作为一位职场妈妈，你需要弄清楚你的身份，并且你要不断地关爱你最亲近的人，这也是我想让你明白的。

我相信工作和为人之母这两者可以以一种积极的、充满活力的方式共存。然而，对于大多数女性而言，情况并非如此。在过去的 18 个月里，我和来自全国各地的妈妈们进行过交谈，了解什么会让她们变得快乐或者为之奋斗，探寻做一位职场妈妈的意义。我一次又一次地倾听着职场妈妈们重复的怨言：身兼多职、应接不暇、疲惫不堪。如果这些经历与你相似，那么，这本书将有助于你积极地做出改变。我希望职场妈妈读完本书时能够自豪地说：“我爱我的家庭。我可以做得很好。我的生活越来越幸福。”

这本书有助于你按照优先顺序重新安排自己的工作日程，对当前的生活做出改变，重新步入新的生活轨迹，让你不再因身兼多职而应接不暇。在接下来的章节中，我将对职场妈妈们所面临的最大困难，包括我们的工作，与伴侣、孩子和朋友建立和谐的关系，学会照顾自己以及如何管理我们的家庭等，逐一进行介绍。坦白地说，这些话题中的每一问题都有足够的材料让我写一本书！但在有限的时间里，我将针对职场妈妈们提出来的一些问题进行分析说明，希望能为大家提供一些解决方案，有助于大家对当前的生活做出一些改变。

我的任务是帮助你认识到：在忙碌的生活中，你也可以培养自己的满足感，你可以幸福快乐地生活每一天。是的，想要获得这种生活方式，你必须深谋远虑、乐于奉献、奋发图强。但你已经拥有这一切了，因为我们每个人天生就渴望过上好生活。

我相信，这些来自全美各地的职场妈妈们分享的生活智慧，肯定会使你受到鼓舞。其实，她们和你一样。她们的亲身经历和洞见将激励你成为你内心渴望的那种女性。

记住，通向成功的过程仅仅就是一段旅程。它可能毫无头绪，错综复杂，但这并不意味着你不能让自己继续追求幸福与快乐。

我的朋友吉尔（Jyl），他经营着一个成功的社交媒体影响者网络，他说："我们不要害怕失败。我相信幸福最关键的就是成长。我们越是努力地做自我，并充分发挥我们自身的潜力（这就意味我们在此过程中会不断尝试、跌倒，但失败会促使我们成长），我们就越能增强自身的韧劲，增添我们的力量，激发我们的潜能。所有的这些经历都会使我们更加快乐。因为我们正在进步，我们正在发挥我们自身的潜能，我们将昂首阔步向幸福生活迈进。如果我们做到了，我们就能为我们的孩子树立榜样，每个人都会感到更加快乐。”[1]他的这种生活方式我是比较喜欢的。

挣扎、内疚和失败是人生旅程的一部分，但这些经历不能让你抵达幸福生活的目的地，你不应该将其纳入你的生活经历。你可以成为一位职场妈妈，工作日程表不会压垮你，你也无须总是觉得自己事事失败。你可以并且应该能够看到你在工作过程中体现出来的价值，你会因为对家庭做出了特别贡献而感到欣慰，同时，你也会抱着积极、乐观的态度去对待生活。

这本书不能解决所有问题，它甚至不能解决大多数问题，但它可以帮助你不再因身兼多职而变得茫然不知所措。茫然、心烦意乱一定不是你想要的正常生活。所以，别再被动地承受压力，我们要找到属于自己的生活节奏，昂首阔步地迈向幸福生活。

目录

01

现在的生活
也许不是你想要的

Stretched Too Thin

作为一位职场妈妈，忙碌、紧张是生活的常态，

繁忙的工作、育儿的艰辛、没完没了的家务活

…………

所有的一切，像巨浪般接踵而至。

压力让你无法喘息、心烦意乱。

那么，请正视现在的生活，

有意向地调整可接受的忙碌事项，

让生活变得忙碌但不忙乱。

你可曾想过在那段繁忙的工作期间，你是如何咬牙坚持挺过来的？岁月匆匆，忙碌的生活和压力让你无法喘息，也许你现在正处于这样一个时期。几年前，我也这样苦苦挣扎着生活了整整一年。告诉你这件事的时候，我已经从那段黑暗的时期走出来了，因身兼多职，我常常备受内心煎熬，变得茫然不知所措，我再也不想过这种生活了。

2015 年，在这一年里，我顺利地诞下了第三个健康的孩子，我出版了两本书，我为多个企业大品牌撰写了博客，并与我的千万粉丝进行了交流。我还找了一份朝九晚五的全职工作。同年，我丈夫与一家大型媒体公司签订了一份儿童读物的协议，我与丈夫一同到海外旅行。

而当我回忆这一年的经历时，大多数时候感觉自己就像在做梦一样，由于这一年行程满满，我感觉自己精疲力竭、脾气暴躁，我失去了原本属于我的生活，只能祈祷自己努力地走完这段艰难旅程。我会对自己说，只要过完今天、这个星期、这个月、下个月，一切都会好起来的，但是这种工作状态一直持续着，我总是看不到尽头。我们的房子里总是乱七八糟的，我开始对孩子们声嘶力竭地大吼，我也开始慢慢地憎恨我自己。

我忙得快发疯了。我因身兼多职而心烦意乱，茫然不知所措。

十一月的一个星期天晚上，我们邀请了一些朋友到我家吃晚餐并且一起观看电影《行尸走肉》。在他们离开之后，我在厨房里把剩下的土豆汤倒进锅里面。我的丈夫马修半开玩笑半认真地说："你在厨房忙活的时候为什么不做午饭呢？"

我匆忙应付道:“不,我还有工作要做。”

他叹了口气:“你的工作什么时候才能做完呢?你永远不会停止工作。你没有时间带孩子,你终究会错失见证孩子成长的宝贵机会。”

“不要这么说嘛!”我回答道。

“为什么不说?总该有人对你说这些吧。”

“很快就结束了,”我说,“很快我就不会有那么多工作忙了。”毕竟,我的第二本书已经出版了,对我而言,整个产假,我都忙于撰写博客。但是,我脑子里的声音告诉我,我只是在找借口。我总是说自己很忙。我知道马修说的是对的。

尽管我想向自己保证事情很快就会得以解决。但我知道我的生活不会真正地发生改变,因为我在不断寻求工作机会或创造更多的工作机会。为了减少工作量,我必须要在生活和工作之间画一条明确的界线,并努力迫使自己减少工作量。

一个月后,在新年前夕,我在一本日记里为自己设定了新年目标并写下了这句话:“凡事慢慢来。”这就是我在接下来的一年乃至我的一生需要做的事情。

这并不意味着我会无所事事。“凡事慢慢来”这句话只是时时提醒我要对我的时间合理规划。这句话成了我的座右铭,它激励着我要去寻找一种更有意义的生活。

自从那一年疯狂工作之后,我的价值观发生了很大的变化。虽然我的生活依然忙碌,但我不再从事快节奏的工作。我认为,与其因身兼多职而饱受困扰，不如抱着乐观、知足的态度来对待我的生活。但若想要达到这种境界，还需有意向地做出一些改变。

正视你的生活，正视你拥有的一切

作为一位职场妈妈，倘若想平步青云，首先你需要如实地审视一下你目前的处境：你是否已经被职场压力压迫得手足无措？你是否感觉到压力让你变得几近崩溃？

我们生活在一个快节奏的时代。职场规则要求我们工作干得多，干得快，最好是越来越快，越干越多。我们的社会已经对持续工作做了相关规定。鉴于这种忙碌的工作，我们常常觉得我们没有足够的时间去选择如何合理地利用我们的时间，或者如何真实地生活。我们不仅无法活得精彩，反而受着身兼多职带来的困扰。

因为前几年我太忙了，我意识到我已经被压力压得无法呼吸，我的经历与其他职场妈妈们的经历类似。2016 年夏天，我抽取了两千名职场妈妈进行调查，我提出了这样一个问题：作为一个职场妈妈，你所面临的最大困难是什么？[1]正如你想象的那样，我得到的答案都是苍白无力的，但也是诚实的，我在字里行间阅读到的常常是充满痛苦、无奈或疲惫的情绪。

以下是来自各行各业的职场妈妈们说的话：

“最困难的事情是因身兼多职而饱受顾此失彼之困扰。为此，我一直在努力规划自己的生活。在照顾孩子的过程中，我努力给自己腾出时间，尽力做一位好妻子，并努力培养和谐的夫妻关系。”

“我也因身兼多职而备受困扰，所以我觉得我不是一名称职的母亲、妻子、朋友、女儿和老板。我觉得要在各个角色上分配好时间是不可能的。为做好每一件事而百分之百地付出时间与努力，这是很难办到的。”

“我当母亲已有四年半了，这四年半来，我一直在努力调整自己的角色，并确保自己的角色不会受到威胁。虽然我喜欢做母亲的感觉，但为了平衡工作和家庭生活，我放弃了自己所有的兴趣爱好，我的婚姻看起来似乎成了一件多余的事情，我已经好几年没有坚持锻炼了。总的来说，我因身兼多职而茫然不知所措，但是，每天我尽可能挤出四个小时与我那群生龙活虎的孩子们共处。牺牲你的身份、地位以及身体健康来改变每一段关系（婚姻、朋友、父母、同事），这是令人沮丧的，这些事情不是任何人都能提前为你做好准备的。”

“最近，因身兼多职，我觉得自己在生活的各个方面都力不从心，而且真的没有办法平衡各角色之间的关系。如果我试图对某一角色给予更多的关注，那么另一个角色必然会受到影响。我觉得我应该竭尽所能顾及所有，但这样可能会给自己带来很大的压力。我觉得我在工作中投入了大量的时间和精力，当我下班回家的时候，我已经筋疲力尽了，但我还需要悉心照顾我的孩子们。尽管我有一个支持我的丈夫，他在家里帮忙料理家务，但很多家务，尤其是做饭和需提前安排的各种事情仍然需要我亲力亲为。我经常觉得自己是在做两份全职工作！我完全无心顾及之事绝对是照顾自己。当我努力尝试着把照顾自己纳入我的日程安排的时候，我经常会觉得在我繁忙的日程中又增添了一项‘任务’，无形中又给我增加了不少压力。”

在这些怨言之中，你是否发现有特别之处？当我读到那些肺腑之言时，我不禁注意到了因身兼多职而受困扰的女性朋友们，她们通过各种表达方式说出了自己的怨言，以及自己体验到的各种情绪。这句话就像是在击鼓一般，工作、照顾孩子、社交活动、教堂活动，女性朋友们所想到的理由会是无穷无尽的。很明显的一点是，这些女性朋友们中的大多数人在忙碌的时候无法实现照顾自己，因为她们无法腾出多余的时间。这一点你是否能感同身受呢？

对于许多职场妈妈而言，因身兼多职而受困扰是一件常事，但这绝非必然情况。我们真的可以有目的地生活，感受爱情的美好，感受家庭幸福和事业带来的充实感。在整本书中，我们将重点探究让职场妈妈们经常感到不知所措的问题，并讨论如何让问题能够迎刃而解。正如你所读到的那样，这本书也为你提供了诸多的建议与解决办法。切记，在这个时候，并非所有的建议和解决办法都适用于你。此外，本书不可能为你提供解决所有问题的办法和策略。给自己选择的权利，边读边观察自己的生活在这段时间发生了什么变化。尽量不要因身兼多职而变得茫然不知所措或心烦意乱。这并非意味着你要做出彻底的改变,相反,它可能有助于你认识到如何做出改变才能帮助你渐渐地回归美好的幸福生活,然后再有意识地做出选择,使之成为现实。

盘点现实生活中存在的问题

在你的生活发生变化之前,你需要全方位地对你的生活现状进行盘点和审视,这一点尤为重要。没有任何人的生活经历与你完全一样。因此,要让这本书中的建议和办法适用于你的生活,最重要的是付诸行动。

你现在的生活情况是什么样子的?在你的日程安排中,你每天、每周、每个月都会有你害怕的事情发生吗?职场妈妈的生活会面临很多挑战,这些挑战关乎责任、育儿和照顾自己。你需要兼顾问题的利弊,而不是只关注问题的表象。在《职场妈妈幸福日记》里,你会发现我设置了一些需要读者们进一步思考的问题。如果你想要让变化变得行之有效,就需要在自己生活现状问题清单中做详细说明。想想你在生活中主要涉及的方面,比如育儿、工作、婚姻和照顾自己,这些都需要你对所倾注的时间和精力进行全面的审视和评估。不要跳过这项重要工作。

你可能会这样认为:“我很了解我的生活,我知道我的生活现状存在什么问题,将问题分条写下来是一件徒劳的事情。”但当所有的生活问题逐一列举并写下来的时候,着实会让人瞠目结舌。通过对生活现状进行全面、清晰的了解,你可以有效地改变你的未来生活。

从现在开始盘点你当前生活中存在的问题,从你成为一位职场妈妈后背负的精神负担入手吧。

你的精神负担来源于哪里

对许多有小孩的职场妈妈而言,孩子的暑假会带来一系列的新问题,很多职场妈妈都会面临处理如何规划孩子的暑期生活的问题。如果你的工作时间缺乏灵活性,让孩子参加夏令营是一个很不错的选择。我的孩子们喜欢夏令营,我已经学会了接纳他们的暑假计划,而不会因为没有陪伴他们去游泳池里游泳而心存愧疚。尽管如此,制订夏令营计划依然是一项繁重的任务,需要提前几个月开始着手准备。

我居住的社区开展了很多有趣的夏令营活动,这些夏令营活动报名人数经常在 2 月和 3 月就会爆满,这就意味着我需要在圣诞节后就开始做计划。当然了,这听起来确实让人觉得很不可思议。我记得我们报名参加夏令营活动的第一年,我不得不为我的最小的两个孩子选择夏令营的营地。上班时,我利用午休时间研究营地,我用一张空白的日历将备选的营地打印出来,然后把时间表和计划都写下来。我女儿热爱艺术,我儿子喜欢户外活动,我要制订计划把他们的营地整合在一起,这是一件多么费神的事情,但是最后,我还是设法完成了我的计划,顺利地将他们参加夏令营的营地确定在一个地方。对于我而言，这的确是一次伟大的胜利，因为营地相同，便于我接送孩子们。

两个孩子都想报名参加某营地在2月某个星期六上午10点的假期活动。这个营地的活动非常火爆，名额通常会一抢而空。所以，为了确保能报名成功，我提前填写个人资料，并将报名活动的相关信息与我的手机绑定，以方便查看报名情况。

无巧不成书，在我准备报名参加夏令营活动的那天早上，我那蹒跚学步的孩子生病了。就在那个星期六，我丈夫需要赴约，所以，我只能赶在9点15分之前把我的三个孩子一起带到儿科诊室就诊。这个突如其来的变化打乱了我星期六的所有计划，但我做了任何人都会做的事情，我带上笔记本电脑赶赴医院就诊。医生经过检查，诊断出孩子的耳部有感染。医生告诉我她会把抗生素及时送到药房。然后，我向她说了声“谢谢”，并且问她我能否在检查室里多待几分钟，我需要提交一份夏令营的报名登记表。她笑了起来并回忆道，她曾经也有为照顾孩子们而身兼多职的经历。

①生病的孩子。

②繁忙的日程安排。

③看病就医。

④提交夏令营注册登记表。

这只是我在某一天内处理所有事务的一个典型案例！告诉我你能理解。你知道，很多职场妈妈在家也要处理琐碎的家务事儿。就我而言，本来我在星期六要做的事情是为孩子报名参加夏令营活动。类似于报名参加夏令营活动这种安排,你可能会列举十几个例子来证明你的日程安排有多么繁忙。妈妈们通常在家的角色是安排家务活儿的“督导员”,她会分配任务并指挥相关的家庭成员做家务。有时候,家庭成员会对这种安排和任务分配非常习惯,他们也乐意接受妈妈的指导。此外,职场妈妈们不得不承担起整个家庭大部分的精神负担。

工作-生活平衡教练玛丽·立维-帕布斯特(Marie Levey-Pabst)将人们背负的“精神负担”定义为“在记忆力或注意力上的隐性劳作”。[2] 因为我们承受着各种精神负担,而且在职场工作的过程中,这种精神负担是隐形的、看不见的,所以我们通常认为它没有真正地发挥作用。如果我们把它视为“妈妈们在做什么”,在精神上削减其重要性,就自然能减轻精神负担。

第一次听到“精神负担”这个词时,我非常忐忑不安,因为在我的生活经历里,又多了这样一个词语!因此,你的精神负担是什么呢?精神负担可能包括以下几个方面:

①注意孩子的起居和身体健康(他们今天小睡了吗?他们下一次体检是什么时候?他们在学校还受人欺负吗?)。

②妥善经营家庭和朋友之间的关系(安排聚会,参加体育活动,等等)。

③在意是否完成需要做的家务活儿(需要立即更换烧坏的灯泡,日常琐碎小事,其他维修项目,等等)。

④确定一周的菜谱,列出购物清单。

⑤妥善规划你的家庭开支(支付账单、管理银行账户等)。

⑥精心策划家庭的假期活动和特殊活动(预订车船票、了解航班动态等)。

⑦为欢度生日和节假日购置相应物品。

⑧留意孩子们的衣服是否还合身,什么时候整理衣柜,什么时候购置当季衣物,等等。

背负沉重的精神负担着实会让人筋疲力尽。玛丽(Marie)指出:"虽然每个人都会背负精神负担,但女性朋友在家庭中所背负的精神负担却异常沉重。"[3]当你再把工作负担叠加到一起时,你会发现你作为职场妈妈总会感觉疲劳过度、精神涣散。

知道有哪些负担并放下其中的一些,对不使自己精疲力尽十分重要。有些事情,你应该选择舍弃,而其他事情,你可以通过外包方式解决,或者委托给其他人处理。值得庆幸的是,我的丈夫总是乐意帮我排忧解难。我发现,尤其是当我被琐碎的家务事束缚在家里,或者感觉自己像是遭受了不平等待遇的时候,我只需随口一说,他立即就会帮助我。

你真正在乎的是什么

确定你的人生观对于了解你的生活现状也很重要。也就是说,你需要确定你在乎的事情,因为你所选择的生活方式正好能体现你的人生观。忙碌、奔波的生活就好像是你在跑步机上跑步,从一个目标到另一个目标。你根本没有合理地规划如何投入时间和精力。花点时间确定你的人生观,有助于你将精力转移到值得投入的地方。

什么是人生观?人生观是对你非常重要的东西。它超越了你所扮演的职业女性、妻子、母亲、朋友和个人的角色。

我们的生活方式反映了我们所珍视的东西。如果你是一个重视友谊的人,你就善于投资感情于他人。如果你是一个重视家庭的人,你就会和你所爱的人共度美好的时光。

你知道你的人生观是什么吗?你能把它们说出来吗?

对于大多数感到茫然不知所措的女性朋友而言,这种感觉来源于她们繁忙的日程安排。如果你目前正处于这种状态,你会重视忙碌吗?我猜测你可能不会,尽管你的生活可能会反映出不同的情况。如果你意识到忙碌是体现自我价值的一种方式,这是改变你的心态的第一步,你需要采用积极的措施,才能促使你过上幸福美满的生活。

想做的不一定是你愿意做的

如果你正在阅读本书,我猜测你会体会到各种角色与责任之间夹杂着紧迫感,并能体会到那些想把每件事情处理好的人的内心感受。不幸的是,我们列举的待办事项总会让人瞠目结舌,而且让你烦扰的是,这些事情全部由你一个人来完成。你难道不觉得你总是在围绕着生活的轴心不停转动吗?我不了解你们的具体情况,但我经常会一边翻阅我记录在日历上的各种待办事项,一边做打算。我会想,我怎么可能完成所有的事情呢？

这是解决问题的办法吗？不是的。我们一天有二十四小时，你也只能在有生之年里把生活过得更加幸福。尽管如此，我相信你可以过上一种充实而忙碌的生活，但不再让忙碌的日程打乱你的思绪。我知道这听起来似乎有些不切实际，但请相信我，坚持就是胜利。如果你能够有意向地选择并调整生活中一切可接受的忙碌事项，那么，这种忙碌并不会成为一种负担；反之，它会取代你的生活，你也会被劳碌的生活所牵制。当你有意向地选择生活时，完整、和平和幸福的生活就会接踵而至。

你需要定期评估待办事项和你擅长做的事情，以确保你过上惬意的生活。如果你的生活被一些不必要的事项搅得杂乱无章，那么，我可以告诉你，删减不必要的待办事项会节约时间，提高工作效率。

要想成功地做到这一点，你需要转变思维，从做一切事情转变为挑选重要事情来做。这种微妙的变化需要你投入时间付诸行动，但它的确能改变你的生活。

给意外留点时间

有时候，我们会因身兼多职而变得茫然不知所措，当我们紧锣密鼓地完成日程安排，正好迫近截止日期的时候，意想不到的事情总会发生：疾病、死亡、一笔意料之外的家庭开支或是明天必须提交的学校项目被遗忘。不管是什么原因，其结果是这些意外事件会给我们增加额外压力，我们需要按照事件的优先次序释放压力。

这种意外情况的发生，总是令我们失去的东西多于获得。拿我的经历来说，在我最忙碌的时候总是会发生一些意外事件。最糟糕的经历发生在去年，当时，我正在上班，我的健康亮起了红灯。那段日子，我一直在痛苦中挣扎，认为雅维（药名）和其他一些非处方药品会有助于我减轻痛苦。最后，我疼痛难忍，不得不缩短行程，订了一架早班飞机飞回家。我丈夫立刻带我去急诊室做检查。十二个小时之后，我必须接受手术。我花了几个星期的时间才康复，在那段晦暗的日子里，我已经筋疲力尽。我还记得我哭着问我丈夫，为什么会是现在发生这种情况？我需要工作。我本来应该在那个周末举办一场迎婴派对的，但因为我身体出现问题，派对不得不取消。除此之外，我还得为生病住院所需缴纳的医保费用而操心。

我的护士善意地提醒我，在康复过程中，我不能着急以每小时1英里（1英里≈1.6千米）的速度跳回起点，我需要耐心且慢慢地增强身体力量，以保护自己的身体。这一次的意外经历给我们一个教训，我们不应该让诸多事情支配我们的生活，我们需要放慢生活节奏，不要被忙碌的生活所牵制，也不要因身兼多职而烦恼。我们不需要花大量时间来完成我们的既定计划，我们应该让它顺其自然地发展。

在日常生活中，我们处理忙碌事项的时候，并非总有灵活时间，但如果我们在处理待办事项的时候，能够尽可能地避免时间紧迫，并且预留出宽裕的时间来处理事情，那么，这些意想不到的事件就不会变得难以克服了。

我的朋友萨拉(Sara)几年前去世了。她因为体弱多病而不得不辞职回家,她比任何人都更了解生活会给人们带来的挑战。她曾经在每日的祈祷文中写道:“我希望你能清醒地意识到在你的生命中有许多美好的祝福,请不要错过任何一刻。接受它们,用你的感官去细品它们的美好,就好像你明天就会失去它们一样。”[4]我们都应该时刻牢记她的提醒,当我们因意外事件受到威胁时,我们一定要保持头脑清醒,过真实而有意义的生活。

02

成功只青睐有准备的人

Stretched Too Thin

成功从来都无法一蹴而就,

成功是一个化零为整、循序渐进的过程。

实现最终的目标,或许很难,但并非没有可能。

不妨将大目标,拆成一个一个小目标,

一个阶段,实现一个目标,

每实现一个小目标,就离成功更近一步。

请写下你的目标,为成功做好准备。

有一个夏天，我列出的待办事项清单长达 1 英里。因为涉及生活中各个方面的事项，为此，我感到疲惫不堪。我的孩子们有很多的需求，我的几项工作已临近截止日期，同时，我正在为我的在线业务做新的项目推广，我的房子已经杂乱无章、一片狼藉。我茫然不知所措，我唯一能做的就是边哭边咬牙坚持。有一次，我一边哭泣，一边对丈夫说："我只想过周末，这样我就可以变得轻松自在了。"在那种特殊情况下，我唯一想要实现的目标就是这一周赶紧结束。

你是否有过这样的经历？也许你此刻正遭遇这种经历，如果你能度过一天、一个星期、一个月，事情就会好转，就会变得越来越好。生活中总会出现扶起篱笆倒了墙的时候，你可能很难权衡轻重。你现在应该在乎的是一切你值得在乎的事情。你没有多余的时间或精力去做任何事情，除非你完成了手头上的任务，然后你再去做下一件事。你的生活就像一台弹球机，你就像放在机器里的一只球。几个月过去了，当你蓦然回首时，你不知道自己做过什么，也不知道你是如何打发时间的，你只是从一件事情跳向另一件事而已。

如果你想在你所处的环境中实现彻底的改变，制定目标是一个好的开始。目标任务的设定可能会让你倍感压力，尤其是你现在正因身兼多职而困扰，我非常清楚那种感受。但从长远来看，把它作为优先处理事项会对你有好处。

为什么要设定目标

在我们着手处理事务之前，让我们考虑一下设定目标的好处。你不妨一边阅读下列优点，一边想想我们所设定的目标会如何改变你自己的环境。

①腾出多余时间。当你设定目标时，你应该在对你真正重要的事情上多花时间。你要对那些你渴望完成，但会分散你精力的事情说“不”，这样你会腾出多余的时间。在不想做的事情上，我们浪费的时间的确让人瞠目结舌！设定目标可以帮助你筛选出不必要的事项。

②增加事情的区分度。当你因身兼多职而应接不暇时，对于待办事项，你已经丧失了筛选的意识。你就像一个机器人，从一个任务或一个约会转移至下一个任务或约会。设定有意义的目标就好像给你一面镜子，你可以借助“镜子”为你的生活做出正确的选择。突然之间，那些与你的目标毫无关系的事情就更容易放手。

③根除拖延症。你常常知道你需要干什么，但是因为你没有设定目标，所以，你会拖延工作的完成时间。设定目标可以确保你不再拖延，立马采取行动。

④增强动机。设定目标属于内在动机。确定你的目标会激励你去实现这些目标。

⑤正能量。有的放矢地工作会振奋人心。当你朝着既定目标努力的时候,你会倍受鼓舞,并且你会获得更积极的建议。

⑥加强控制。当你朝着一个既定目标努力时,你会发现你更善于控制在生活中所采取的行动。尤其对于那些因身兼多职而应接不暇的人而言,这种体会非常有意义。

⑦提升对生活的满意度。总的来说,当你努力实现对你很重要的目标时,你会对目前的生活更加满意。

我希望这份清单能让你精力充沛。设定你将要践行的目标将会对你生活中的许多方面产生影响。

正确地设定目标

在过去的目标设定实践中,我一直努力在指定的时间内完成既定目标的设置。我总能找到更多“重要”的方法来支配我的时间。但这种观点可谓鼠目寸光。给目标设定时限就意味着其他事情无法完成。这是千真万确的。但问题是:对重要事项投入时间就意味着其他事情没有时间完成。我们要对重要事项投入时间,因为该项投入所带来的长期利益远远超过做其他事情引起的亏损。

第一步:思考你的过去

践行目标设定需要从着手准备开始。当你思考目标设定的时候,你的思维过程可能是以未来作为焦点的。这是有根据的，因为这些目标都是你想要实现的。但是，在你为未来规划一个愿景之前，你需要切记你的初衷是什么。

还记得《狮子王》中拉飞奇和辛巴谈论过去，拉飞奇击中辛巴头部的场景吗？然后，拉飞奇再去做一次，然而辛巴回避了。拉飞奇欢呼雀跃，它说你既可以逃避过去，也可以从过去的经验中吸取教训。

你过去的经验是你最伟大的导师。它会提醒你生命中最美好和最糟糕的时刻，它促使你成长、学习和欣赏那些经历。当你回顾过去时，你可以更好地为你想要的生活设定一个未来的愿景。

当你回首往事时，想想那些积极的事情和奋斗的过程，尤其是那些与你作为职场妈妈的生活有关的事情。先来谈谈我们经历的积极的事情吧，具体阐述一下，并向自己提一些问题，比如：

① 作为一名职场妈妈，在生活中，我是否称职？

② 我为什么感到骄傲？

③ 我的优点在哪里？

再来谈谈那些我们艰苦奋斗的经历吧，再具体一点。问自己一些问题，比如：

① 在哪些方面，我遇到了麻烦？

② 什么让我感觉到有压力？

③ 我有什么遗憾？

④ 如果可以的话,我会做出什么改变呢?

对于以上两个列表,请认真思考一下你所学到的经验教训。看看经验是如何帮助你成长的,这是在设定目标过程中最重要的一步。这样做可以让你清楚地认识到你所采取的行动是如何影响你的生活的。

美好的、困难的和非常糟糕的经历都将混合在一起,这就丰富了你的生活经历,确保你对未来设定的目标与你想追求的生活保持一致。当你回顾过去时,坦诚地向你的伴侣、亲密的朋友或同事说出你的问题,他们可能会站在不同的视角为你提供建议,这些建议将为你设定目标提供有价值的经验。

第二步:集思广益

劳拉·凯西(Lara Casey)是一位职场妈妈,她育有三个孩子,也是 Power sheets goal-setting journal 的创始人,她鼓励目标制定者们要集思广益。将你所想到的有关目标设定的办法记录在案,它有助于你对想要追求的目标进行细化实施。一旦完成记录,劳拉建议我们"对所记录的目标想法进行逐一检查,确保它们源于重要事项。有些朋友很容易制定一些宏伟远大的目标,或者他们认为其他人制定的目标,自己也应该制定,仅仅是为了不让自己落后于他人。千万不要那样做!你如何投资时间就意味着你将如何度过你的一生。审视并思考你所设定的每一个目标,看看是否值得将你的时间投入在这些目标上面”。[1]

你自己设定的目标关系到你在生活中如何分配时间完成任务，回顾一下我们在前一章所提及的内容，对你的当前生活状态做评价，并为了追求自己的目标而做出改变。找出你需要克服的问题，它们将鞭策你设定目标，实现自己的愿望。

第三步：列出拟达成的目标

你已经对过去进行了反思，并且通过集思广益的方式列举出了一系列想法，现在是时候专注于写目标了。这些目标将改变你的工作方式、为人父母的方式和其他生活方式。在短期和长期内，有意识地设定目标可对上述各方面产生深刻、积极的影响。无论是从实际出发，还是从长计议，设定拟达成的目标有助于你在生活过程中实现目标。

智能系统（SMART system）是最受欢迎的一种目标设定方法，它是具体的、可测量的、可实现的、真实的和有时限的。当我和迈克·海厄特（Michael Hyatt）一起参加了一场目标设定研讨会之后，我就决定采用他研发的智能系统。我认为在帮助人们制定可实现的目标方面，该系统确实做得更好。

以下是海厄特智能系统（Hyatt's SMARTER system）七要素的概述：

①具体的。目标应该非常具体。如果它们缺乏细节，总体目标不

会轻易地实现。所以，在目标设定过程中，你应尽可能设定具体的目标，并且以一种可明确你想要的最终结果的方式来记录它们。

②可量化的。确保你想要的结果是可以量化的。如果你不对设定的目标进行量化，你就不会知道你何时会获得成功。

③可行动的。主动而非被动地设定目标。你所设定的目标应该以动词为首。你需要拟定你将要做什么，而非你要成为什么样的人。

④有风险的。强迫自己远离舒适区。有风险的目标更具说服力，更有实现的可能。

⑤有时限的。应该给目标设定最后期限。开放式目标太容易让人养成拖延的习惯。

⑥令人兴奋的。确保你设定的目标对自己具有吸引力。如果有一个目标能让你振奋，你就会有动力去实现它。思考一下如何激发你的热情。

⑦相关联的。你的目标应该与你当前的生活状态以及你的价值观相一致。[2]鉴于大脑中现有的想法，把你所列的目标压缩到 2~3 个目标。如果你想要实现这些目标，那么，目标越少越好。通过制作一份简短的列表，你就会专注于实现拟定的目标。如果你设定了三个以上的目标，那么实现这些目标的可能性不大。

如果你设定了一个长远而宏伟的目标，你需要将它细分为几个具体目标。例如，当我开始撰写这本书的时候，我设定目标——要在9 月底之前完成这本书。我按照合同拟定的字数来计算我每周需要写多少字才能实现这个目标。每周我都会在日历上记录所写的字数，以激励我按时完成任务，实现如期交稿的目标。

我要给出的另一则建议是用积极的言语写下你的目标，并专注于实现这些目标所带来的好处。例如，你可能会写“在接下来的六个月里，我要找到一份能充分发挥我人际交往能力的工作，这份工作可以让我在家自由地安排时间”。而不会写“我要辞去那份令人心烦的工作”，或者，如果你正在设定一个关于家庭的目标，你可能会写“十月份，我要请一位专业的保洁员到我家来整理，让房子里的物品变得井然有序，在放假之前为我的家人创造一个更加舒适的环境”。而不是写“整理我那杂乱无章的房子”。

这样做其实很简单，对吧？好吧，也许一开始写目标并不容易，但我发现利用这个系统编写激励性的、可实现的目标是非常有帮助的。制定目标并不是让你感到不足。相反，它们是为了帮助你有意识地实现你想要实现的目标。如果利用该智能系统有意识地进行记录，制定目标将有助于你高效率地完成任务。

第四步：追求你的目标

在你起草完拟定目标之后，把它挂在你每天都能看到的地方。这种随处可见的办法可以确保这些拟定目标成为灵感和动力的源泉。有些人习惯在他们的电脑上将拟定目标设置为密码。这样，他们每天通过打字来熟记拟定目标。我也采纳了这个办法，我发现这样做能帮助我在大脑里将拟定目标优先排列,或将其列为重要待办事项。将目标设为密码可以不断地提醒我想要完成什么事项,并且我认为,每当我输入密码时,我都要考虑我还能做什么来促使这个目标成为现实。一旦目标实现了,我就会立即更改密码。

我过去常常觉得设定目标很困难,因为我一次又一次地失败了。我只会看到我的目标和我实际取得的成就之间的差距。当我通过大脑回忆产生这些想法的过程,并专注于我所取得的进步时,我就能够体会到目标设定过程所带来的价值。

如果你对某个拟定目标的实现感到沮丧或想打退堂鼓的时候,退一步思考你为什么会在一开始就设定该目标。你想实现的是什么?当你达成这个目标时,会发生什么样的变化?设想如果我写完这本书以后,完稿的结果就是协议方可把剩余的预付款支付给我(这总归是一件好事),我会借此鼓励其他职场妈妈不要泄气,或者畅谈机遇等内容。尤其是当我盯着电脑不想写稿的时候,这些回报都会令我异常兴奋、动力十足。

在此过程中,当我遇到挫折的时候,我知道实现目标带给自己的回报是有益无害的。

追踪你的时间

除了设定目标,你需要弄清楚,你是如何利用时间的。你很可能随口就列举出你正在做的大事，但细小琐碎的时间（比如，你每周洗衣服所花的时间）可能就难以确定。了解你的时间去向，这样做能够帮助你确定你日常需要干些什么以及在日常生活工作中，哪些习惯是可以改变并且是应该做出改变的，以确保你实现目标，过上幸福美满的生活。

这就是我为什么说你要对你一周做的事情进行追踪。追踪你的时间包括记录你在一天中所做的每一件事，连续追踪七天。把它当作一种类似于记录饮食的日记或者当作记录你一天内步行数量的追踪器。记录你所做的每一件事，例如：学校拼车、开会、办事、洗衣服（附加十五分钟）。对以上所做事情连续追踪一周后，用下列问题向自己提问：

①我把时间花在哪里了？

②哪些事项是不可协调的（例如，工作、送孩子上学等）？

③哪些时间被浪费了？

④在我的日程安排中，哪些活动可以简化？（例如，我的衣服是每天都洗呢，还是堆积起来一次性洗更好？）

⑤我是不是做得太多了？我是不是应该说“不”呢？

⑥我做任何事情是否是因为如果我不去做这件事，我就会感到内疚呢？

⑦在这一周里，我是否花了大量时间去寻求帮助或雇佣他人来帮助我？

⑧我是否给自己留有空余时间？如果是的话，时间有多长？

⑨总体而言，这周我的感觉如何？是高兴呢，疲倦呢，紧张呢，还是以上所有感觉都有？这些情绪是如何影响我或者我的活动的？

追踪你的时间，然后对它进行仔细评估，这种体验真是令人大开眼界。每次追踪我的时间，它都会提醒我以这种方式来记录我的生活是多么有效。观察我的所有活动，而不仅是工作事务，当某类事务作为整体被注明时，会给我带来许多启示。

利用你所收集到的建议和信息，对你的每日习惯和每周习惯做出必要的改变。例如，你可能是第一次注意到你每周平均要花 5 个小时去工作地。这个时间数据可能会激励你（就像我一样）改变上下班的习惯。

几年前，我决定合理利用我的时间，而不是盲目地听收音机或打电话聊天。我开始一边坐车一边听有声读物，令人难以置信的是，这居然成了我的一种提神习惯。到了年底，我发现我养成的这种新习惯可以让我在一年内至少听十几本书。因为听有声读物让我感到非常开心，所以我每天都会开开心心地上下班。

劳拉·范德卡姆（Laura Vanderkam）是第一个向我介绍“时间追踪”的人，她是美国的一位专家，专门研究我们如何利用自己的时间。劳拉对数百条时间日志做了评估，她的研究再次表明，当人们追踪自己的时间时，他们会发现自己确实有空闲时间。更重要的是，追踪时间会促使人们重新评估自己是如何利用时间的。我希望该办法对你也会有效果，所以请你也参与这个实践，我保证你会受益匪浅。[3]

设定目标和追踪你的时间这两种办法会促使你改变你的生活方式。除非，你一开始就知道自己想干什么，然后，拟定你想要实现的目标，否则，你就不可能做出有意义的改变。不要害怕参与这种重要的实践。

03

开启探寻内心之旅

Stretched Too Thin

每一天,有太多的待办事项,

我们总想把所有事情都做得尽善尽美。

如果你也有这样的想法,

那么,从现在起,请别为难自己,

静下心来,想一想,

哪些是自己真正想要做的事情,

做最真实的自己。

本学年结束了，我五岁的女儿——阿德琳手拿着一个鼓鼓囊囊的红色文件夹回家，这是她在幼儿园第一学年做的作业。其中一本是装订成册的“书”，这本“书”反映了她在本学年的学习情况。每一页都有幼儿园写的信，上面记录着她的学校生活、她的朋友，还配有一些蜡笔插图，这些插图记录了她在幼儿园的一些美好回忆。你知道的，那些插图都是不成比例的头像和没有鼻子的人。

当我翻完文件夹，微笑着准备把它全部收起来的时候，我看到了一份名为“我一年中的四个记忆”的图表。左下角画的是“爸爸”：教室里，阿德琳和她的爸爸在一起。

我所看到的不是一幅珍贵的图画，而是一个小女孩喜欢让她爸爸来上课的图画，我看到的是妈妈不在那幅画里。阿德琳那幅用蜡笔绘制的简单的画触发了我作为一位母亲的内疚感，作为一位职场妈妈，我也为此非常困扰。它仿佛压倒骆驼的最后一根稻草，我看到这张画后，情不自禁地大哭起来，豆大的眼泪顺着我的脸颊往下流。

我丈夫对我的失控感到惊讶，并问：“你为什么哭啊？”

“因为她只会记得你在她学校里，而我只在我的办公室里。”我迅速地回答。

就在我失控大哭的时候，阿德琳就在那里，我的反应使她立刻反应过来。她把她那双胖乎乎的小手放在我的胳膊上，一边轻轻地帮我擦拭眼泪，一边说：“妈妈，对不起。我忘了你来参加情人节聚会的事，我们还拍了照片。”我把眼泪擦干，告诉她不用向我道歉，我也不想哭。

我紧紧地抱着她，试图让自己平静下来。

阿德琳离开房间后，马修和我畅谈了一番。他提醒我说：“你是一个好妈妈，你一直陪伴着我们的孩子，他们会记得的。你深深地爱着他们，也珍惜我们的生活，你在努力工作，拥有着成功的事业。”

我们的谈话让我完全释然。但事实上，我是一边流泪，一边写下的这段话。职场妈妈都背负着内疚感，这是一个事实。不管我们多么努力地释放内心的内疚感，它都会时不时地扰乱我们的心智。

在这一章中，我们将对职场妈妈的一些主要情绪进行评估，分析职场妈妈在处理这些情绪时会遇到哪些困难，并就如何管理这些情绪提出了一些实用建议。就目前来说，并不能说明这些情绪都是不良情绪，也不能说明经常有这些情绪会有什么不利影响。我希望我们能够学会正确认识这些情绪，并采用健康的方式来处理它们。

职场妈妈的内心是复杂的

我们的内心感受极大地影响了我们正确看待自己的方式以及我们与他人的互动方式。当我和来自全国各地的职场妈妈交流时，我告诉她们我也曾经因生活压力而茫然不知所措，特别是我们因身兼多职而应接不暇的时候。我们所肩负的责任以及处理待办事情所致的压力，都会导致我们情绪失控。律师唐·斯托基(Dawn Sturkey)解释道：“女性可以同时处理情感和认知问题。与男性朋友不同，女性大脑的两个半球之间有更多的神经连接。这些神经连接有助于我们同时处理工作。我完全可以一边和客户打交道,一边思考现在是否到了我儿子放学回家的时间,这就是我们大脑的工作方式。”[1]这种双重处理有时会让我们感觉大脑因过度使用而十分疲倦。

比尔(Bill)和帕姆·法雷尔(Pam Farrel)共同写了一本大受欢迎的书,名叫《男人就像华夫饼,女人就像意大利面》。在该书中,作者用这样的方式诠释了意大利面的类比:

> 女人处理生活问题就像是一盘意大利面。如果你仔细观察一盘意大利面,你会发现大多数的面条其实都是相互交叉的。如果你试图围绕着盘子周围将一根面条挑起来,你会挑起许多交叉在一块儿的其他面条,甚至你会无意地挑起另一根面条。这就是女人面对生活的方式。每一种思想和问题都可以通过某种方式与其他的思想和问题联系在一起。对女性朋友而言,生活就是一个过程,而男人却不这么认为。[2]

的确如此,难道不是吗?我们就像意大利面,同时不断地与多种事物发生联系。由于发生自然重叠,我们的感情很容易被卷入其中。这就会直接导致我们无法兼顾职场女性与母亲两种角色,从而造成情绪崩溃的局面。

以下是我在调查过程中收集到的一些反馈意见，这些反馈来源于我对职场妈妈们的提问，她们讲述了自己内心的感受：

“即使理智告诉我这样处理会比较妥当，但我还是会因内心充满负罪感以及未达到期望值而倍受煎熬。”

“我不可能处理好一切，我始终认为我会让人失望。投入职场工作，我会背负沉重的负罪感，即便是我为整个家庭带来了可观的收入，我的工作为我的家庭提供了经济保障。”

“当我被大大小小的事情缠得脱不开身的时候，我简直觉得自己忙疯了，但还是觉得自己做得不够好。我觉得这就像世界末日来临，我必须做完手中的一切事情。”

“但是，我的时间和精力有限！当我收工的时候，我已是筋疲力尽了。因此，我觉得自己现在处于殚精竭虑的状态，再也没有多余的时间和精力可以支撑我的余生了。”

“我觉得自己不可能让事情尽善尽美。当我的工作时间有限或者工作要求比较高的时候，我总是觉得自己在不断缩短与孩子的相处时间；或者，当我想要照顾孩子，履行自己作为母亲的责任时，我就会不断地缩短自己的工作时间。我总觉得自己苦不堪言。”

“看着我的日程计划和孩子们的计划表，我的内心充满了愧疚。我愧疚的是，在孩子成长的关键期里，我没有投入足够的时间陪伴他们；我愧疚的是，我没有投入足够的精力和时间专注于我的工作，我没办法实现高效产出；我愧疚的是，我没有给自己留足够的时间来照顾自己；我愧疚的是，有时候我会让我的丈夫、孩子们与我共同打理我们生活中大大小小的事情，最后，因为每天都要被繁多的日常任务（或家务）所牵制，我的内心备受煎熬。”

“我在工作的时候，会惦记我的家庭和我的孩子们，我会想到我需要做的事情和我想做的事情。当我下班回到家的时候，我已经筋疲力尽了，我感觉自己的身体像被掏空了似的。”

这些反馈中有哪些能让你产生共鸣？在每个人的身上，随处可见我曾经的影子。在任何时刻，职场妈妈的思想和内心都充满了各种各样的情绪——恐惧、快乐、内疚、激情、忧虑等。虽然有些情绪是不可避免的，但是，我们所体验到的许多情绪都是自己强加给自己的。

例如，孩子们的学校正在举办一场简易的年度筹款活动，尽管我这一周的工作压力很大，但我觉得自己有义务烤一个蛋糕带到学校去。当我到现场的时候，我留意到，除了我的蛋糕是亲手制作的之外，大部分蛋糕都是从商店买的。就在此刻，我意识到我的压力全是自找的。我没有像其他父母那样直接从商店里买一个美味的蛋糕提到学校来，这件事情反而让我觉得自己是一位不称职的母亲，我感到非常内疚，这种感觉也给我这一天徒增了不少烦恼和挫折感。

重要的是，我们要认识到这些感觉是存在的，并且要发现其根源所在。在负罪感的驱使下，我亲自烘焙了一个蛋糕提到学校，因为我想做一位“好妈妈”,但这种想法却给我徒增了烦恼。在某种程度上,我把亲手烘焙蛋糕等同于做一位称职妈妈。但事与愿违,这种做法给我带来了不必要的压力。

在我们的育儿过程中,我们都有这方面的亲身经历。妈妈们的内疚源于相互比较,害怕错过以及为获得满足感而纠结,这些都是人之常情。但我们不能受情绪牵制或让其成为衡量美好生活的标准,因为它们的存在只会让我们感到渺小、不为人所爱、不称职与失望。如果我们的生活受这些不良情绪的影响,那对我们自己和我们所爱的人都是不公平的。

以下是调查过程中职场妈妈们所罗列的最常见的压力源和各种情绪。在每个词语旁边,请说明你对它的反应是什么。这个词语可能需要你回忆一下在特定的那段时间内,你经历过的那种情绪感受或者谈谈这个词语带给你的总体感觉可能是怎样的。例如,在负罪感的旁边,你可能会写:“我因为错过了孩子的体育比赛而感到内疚,因为我必须工作”。或者你可能会写:“当涉及操持家务的时候,我茫然不知所措。我无法掌控一切”。如果你对某个词语不能发生情绪共鸣,就划掉它,继续往下看。

自我怀疑	
内疚	

缺乏信心	
比较	
羞愧	
茫然不知所措	
筋疲力尽	
期望	
责任	
判断	
恐惧	

现在你已经对上述词语做了回忆体验，接下来，我想与你分享一些好消息，你并不孤单。更重要的是，你的情感不会控制你。不要让这些情绪带走本该属于你的快乐，你有能力把自己变成最优秀的人，或者有能力充分发挥自己的天资。职场妈妈通常都是颇有能力、富有爱心、动力十足、充满激情的女性朋友。我们要把美好的祝福献给自己的家人、朋友和同事。不要让不良情绪削弱你的自我价值感和使

命感。

给职场妈妈的15条情绪管理建议

我们讨论这些情绪，其目的并非说明所有的情绪都不好或不合乎情理。坦白地说，其实，事实恰恰相反。当生活中的一些事情出问题时，我们是可以感觉得到的，比如我们会感到设置的界限越来越模糊，人际关系变得越来越紧张，自己优先做得一些事情其实并不是自己真正想第一时间做的。在这种情况下，情感有助于我们成长，并帮助我们在生活中做出不同的选择。

尽管如此，在其他情况下，我们确实需要借助外界的帮助来纠正我们的思想和内心感受。虽然下面的建议并不能解决所有问题，但希望它能帮助你克服负面情绪，以更健康的心态对待生活。

我渴望改变

自我意识是克服不良情绪的第一步。通过认识到不良情绪的存在，我们能够更好地了解我们的认知方式。有一次，我与心理治疗师兼正念教练伊曼·坎(Iman Khan)进行互动，她说："我认为真正的自我意识来源于正确理解如何成为观察者而非情绪体验者的能力。"[3]她建议，为了培养自我意识，我们需要学会记录并分析自己的经历，不必多做解释，得出结论或者预测结果。随着时间的推移，这种记录和分析有助于我们迅速确定我们何时会对产生的不良情绪做出反应,并以不同的方式处理事情。

伊曼补充说:“若要继续保持自我意识,我们必须培养自己的好奇心:对日常生活中的一切都抱有独特的好奇心,只是好奇而不参与评判。”[4]例如,下一次,因为必须要上班而不能参加孩子的篮球比赛而感到内疚时,你要对这种负罪感进行分析、思考,认识它的存在并对产生的根源做评估,你会发现自我意识会使你处理事情的方式随之发生变化。

对身为职场妈妈的我来说,夏天是一个特别具有挑战性的季节。在过去的一年里,当我和丈夫都需要工作的时候,我们的孩子们不得不从一个夏令营转移到另一个夏令营,我对此感到非常内疚。我也羡慕那些下午能陪孩子们一起去游泳池的妈妈们,她们不像我那样总是待在办公室里工作。这种自我意识促使我改变自己的想法。

我和我的孩子们制订了一份超长的暑期计划。当我细读这份计划时,我意识到我脑海中描绘的“完美暑期”的图画与孩子们所想的“完美暑期”的想法不一致。他们的愿望很简单:一家人在动物园过一天,可以在水上追逐嬉戏,在我们家附近的河边体验一次乘坐独木舟兜风。即使我有一份朝九晚五的工作,实际上,这些愿望我们都是可以实现的。由于我想实现我们的暑假计划,所以,我把以前那种充满内疚和嫉妒感的暑期生活转变成了现在这样一个充满喜悦和欢笑的暑期生活。所有的这一切都是因为我认识到了自己的感受,并为此做出了改变。

请允许你做自己

尽管这听起来有些像陈词滥调,但请允许你做真实的自己。你不是一个没有感情的机器人。生活会影响你,让你自己成为最真实的自己,追求你的事业,学会偶尔放弃一些事情,这就为自己赢得了自由,避免用"本应该""本可以""打算"这些词语给自己带来困扰。

当我写这本书,做一份朝九晚五的全职工作的时候,我不得不让自己放弃一些事情。我已多次错过了孩子的足球比赛,因为我的工作临近截止日期。我多次求助我丈夫帮我料理家务事。最后,我不得不放弃一些不切实际的做法和无法实现的期望。如果我不选择放弃,我肯定又会变得不知所措,无法开展我的工作或其他任何事情。

一旦你试图成为真正的自己,不再做一些违背愿望或不负责任的事情,你就能够过上美满如意的生活。

别再与你的竞争者攀比

身为职场妈妈,我们经常会觉得自己好像在和某人或某件事竞争,需要对自己的表现记分。我们应该立即停止和竞争者之间的攀比。如果我们早点停止这种相互攀比,我们就能更早地适应环境。

例如,我距离提交一个项目的时间只剩下三天了。我的孩子们恰好要在那周星期六早上参加足球比赛,我计划在那周星期六的下午工作。

然而,我的丈夫和儿子在午后得到了 NFL(美国职业橄榄球大联盟)比赛的门票。我儿子以前从未参加过职业比赛,我当然希望他们能去参加。但是,我找不到保姆,马修下午要去工作,这就意味着我必须把三天的写作时间挤成两天。我丈夫非常理智地对我说:“以后还会有更多的足球比赛,今天就不去参加比赛了吧。”他说得对。虽然一开始我会有些负罪感,但当我们不再与其他妈妈攀比,不再认为自己必须像其他妈妈一样参加儿子的足球比赛,我的压力减轻了,我这位职场妈妈也变得称职了,因为我完成了我的工作。

记住没有人与你竞争、攀比,所以,你应该去做你需要做的事情,或者选择放弃那些不切实际的事情。

把注意力集中在对你重要的事情上

如果你把注意力放在别人做的事情上,而不是放在你想做的事情上,这样很容易让你的生活重心发生偏离,致使你的生活很不如意。例如,我喜欢为我的孩子们举办盛大的生日派对,我用手工制作的装饰品来布置现场,精心设计派对的游戏环节,摆放令人赞不绝口的蛋糕。但我的父母对我说,我操办的聚会令他们感到不安,这让我感到很伤心。举办一场精心设计的派对是我的事情。如果你能和你的直系亲属一起举办一个小聚会,那真是太棒了。把注意力集中在对你和家人真正重要的事情上,不要三心二意,朝既定目标前进,从始而终。

以上建议也同样适用于你的职业生涯。不要指望别人来你的办公室帮忙或请专业人士来帮你安排你现在应该做什么。相反,把注意力集中在重要的事情上面,弄清楚什么事情能促进你的事业发展。心理治疗师帕蒂·塞布尔(Patti Sabla)说:“我们做事情往往是出于义务,而不是出于兴趣。”[5]在认识到自己为何做出选择之后,你会对自己的时间投入进行更多的思考。

进行一次艰难的对话

避免负面情绪恶化最简单的一种方法就是进行艰难的对话。我听过一种讽刺的说法,进行一次艰难的谈话是一种简单而行之有效的解决办法。一旦你下定决心,坚持做一件困难的事情,你就会立即获得自由。职业教练博比·赫尔利(Bobbie Hurley)建议,这种艰难的谈话需要练习。

> 大多数人都会选择避免冲突。但有时你必须坐下来,进行一次所谓的艰难对话。不管团队成员是否工作得当,你的孩子是否有突发状况,或者你的丈夫是否能给予协助。你都很难静心坐下来处理冲突问题。你担心别人对你不满,并介意别人对你的看法。但是,如果你进行了那种艰难的谈话,事情就变得更容易解决了,你也更容易为了自己重获自由而挺身而出。所以,你必须重复做。这不仅仅是一次“为了自己挺身而出的机会,这样做还能促使自己的冲突问题得以解

决，我能够给自己腾出足够的时间，不再感到有任何压力”。[6]

因为我有全职工作，我的朋友们有时候不会邀请我出去玩，她们认为邀请我外出玩耍会让我觉得太累或者会给我这一天的日程增添太多工作。当朋友多次忽视、不邀请我的时候，恼怒和嫉妒之心油然而生，我终于鼓足勇气向一个朋友倾诉了我被忽视的感受。这样做很尴尬，因为我知道她不是有意伤害我的，我也不想因为抱怨或需要而离开她们。我告诉她当我没有被邀请时，我的内心感受是怎样的，我告诉她让她下次聚会时，主动邀请我，让我决定是否参加，而不是推测我因工作不能参加。在结束了这一次艰难的对话后，我们抱头哭泣，相互拥抱安慰，并且我们的关系变得越来越好了。如果我没有进行那次谈话，我不仅会被她们继续忽视，我还要继续忍受愤怒和嫉妒的煎熬，而且这种情况也可能导致我们之间的关系破裂，分道扬镳。相反，诚挚和艰难的谈话让我们的关系变得更加亲密，有助于我们消除潜在的伤害。

认识到经济压力的影响

许多女性朋友外出工作是迫于她们拮据的家庭经济。因此，经济困难会给许多职场妈妈带来额外的压力。对某些人来说，压力可能来源于收支平衡，而对另一些人来说，如果她们没有再三权衡工作、家庭财务、照顾家庭这三者之间的利弊，那么，她们可能会因身兼多职而变得茫然不知所措。

如果你因家庭经济而承受了负担,并且这种负担还对你的生活造成了重大影响,你可以考虑报一门相关课程,买相关书籍,进入免费博客、播客或利用其他培训机会,这些都可以根据你的经济状况做出正确的选择,帮助你获得信心。财务规划师还可以合理地为你提供与投资、税法和保险决策相关的财务建议。

我的家庭也有过一段经济拮据时期。那段日子,我们过得非常艰难!我记得我曾去一元店买过一盒垃圾袋,因为我们没有多余的钱去Target(美国一家百货公司)买我喜欢的普通佳能(Glad)盒。我开始关注一些有优惠券的博客,比如通过“节约的妈妈”“热衷于储蓄”“所有事情的目标”等博客来学习如何使用优惠券购物、如何讨价还价,如何让生活与众不同,这些方法都有助于我们改善家庭的经济状况,减轻压力!

得饶人处且饶人

有时候不幸的事情会发生在我们身上,我们会一直怨恨、生气,不原谅伤害过我们的人。不饶恕就像我们生活中的毒药,它最终会对每一段关系、每一次经历、生命中的每一时刻产生影响。我曾经亲眼所见,选择不饶恕所爱的人,给自己的生活造成极大的破坏,这种破坏是令人心碎的,是伤人的、无情的。

如果你有宽恕之心,我鼓励你去做一点伟大的工作。你看,宽恕为你带来了好处,而非他人。不要让环境牵制你,影响你的生活方式。宽恕带来的是自由和完整。它不会抹去发生在你身上的一切,但它允许你用优雅和完整来治愈伤痕并向未来大步迈进。作者耶恩·哈特马克(Jen Hatmaker)在其所撰写的《混乱与勇气——从这种粗暴与光荣的生活中获得乐趣》一书中写道:"(宽恕)将我们从监督这种沉重的责任中解脱出来,最终的决议可能会到来,也可能永远不会到来。它取消了另一个人控制我们全部的权利……宽恕为重生扫清了道路……我们还能继续活下去。"[7]

别再担心错过

害怕错过是一种真实的感受,我们尤其要感谢社交媒体的存在。你很容易被卷入别人正在做和正在经历的事情,尤其是在你工作的时候所发生的一些事情。

对于许多育有小孩的职场妈妈来说,妈妈群体可能是害怕错过的根源,因为她们通常是在白天会面。加州大学洛杉矶分校的社会学家凯特·莱曼(Kate Lehman)发现,给其他职场妈妈们的朋友发短信帮助她克服了害怕错过的恐惧,这些恐惧与妈妈群体有关。她解释说:"我发短信告诉她们有关工作和职场妈妈的事情,并且经常和她们展开开放式的谈话。这对我有很大帮助,因为我能感受到自己和其他妈妈之间的关系,而不必在周二早上9:30出现。"[8]

儿科医生珍妮弗·麦克休-巴克(Jennifer McHugh-Barker)是三

个孩子的妈妈,她分享了自己害怕错过的经历:

孩子很小的时候,我常常在想我错过了所有的事情——和其他妈妈一起在操场上闲逛,没有给我的孩子们腾出足够多的玩耍时间,甚至还限制了女孩们在夜晚外出的时间。但过了一段时间,我感到精疲力竭,仍然觉得自己错过了。有一次,我觉得这样做不值得。我只能尽我所能去做,虽然有时候看起来还不够,但我不能让"万一"这个词出现在我的生活中……最后,我认为,如果你有三个孩子,并且你有全职工作,你就会开始意识到你必须在哪里划清界限,否则你会失去理智![9]

如果你感觉到害怕错过这种恐惧感正在你心中悄然滋生,你必须强迫自己停下来,体会你现在的感受或者你正在经历什么。通常情况下,强迫自己停下来可以减轻这种感觉。记住,放弃你可能会错过的东西,这些对你和你的家人没有任何好处,但这对你会很有帮助。不然,它就会滋生消极和怨恨。

删除社交软件

社交软件会引起怨恨、攀比、害怕错过和嫉妒。因此,拒绝它、远离它,不要随波逐流或者尽可能少地与它发生联系。不要让它分散你的注意力，一心一意地过好自己的生活。

当我工作繁忙的时候，我发现自己经常会使用社交软件，它就像一扇通往外面世界的窗户，以至于我会长时间待在办公室里。最后，我注意到我会在我的手机上点击脸书(Facebook)，我甚至都没有意识到这一点。因此，我立即删除了手机上的脸书。一开始，我并不适应，但几天后，我发现自己回归了正常生活。

职场妈妈蒂法尼·塔克(Tiffany Tucker)说她做出了一个伟大的决定，她直接将社交软件从她的生活中完全删除，她认为这是一个很明智的决定。

> 我之所以这么做，主要是因为我会对社交软件上所讨论的社会和政治问题非常感兴趣。我已经不再关注动态消息了，我不得不说，我更快乐了，不再喜怒无常了，当动态消息里突然弹出其他信息的时候，我已经没有了往常那种莫名而来的情绪高潮和低落。有时候，我不知道其他人的生活状况是怎样的，但是对我而言，只要我和我的闺蜜在一起聊天，我就知道她们在生活中发生的事情。[10]

如果你认为没有必要关闭社交软件，你不妨考虑一下，你是否应该取消对某人的关注。这些年来，我学会了一个道理，如果某个人的个人资料让我感到不自信、嫉妒、恼怒或生气，我只需对他取消关注即可。一开始，我觉得取消关注的方式会让我感到内疚，但现在我认为这是一种行之有效的办法。当然，如果我愿意的话，我仍然可以查看他们的个人资料，但这是按照我自己的方式来做的。这样，控制你的社交软件，它就不会控制你的情绪。

学会放手

很多时候你只需要像电影《冰雪奇缘》中的艾莎（Elsa）一样放手即可。足够好才会变得更加完美。你不是神奇的女人，你不可能什么都做。你应该对你所拥有的一切和你能够完成的事情感到知足。因为还有其他工作必须完成，所以，你已经有一段时间没做家务活儿了。没关系，你应该意识到你不可能同时处理完所有事情，有时候，你只需要放手即可。

我知道因时间限制，我不得不让生活中的一些事情堆积如山，我经常没有按照预定计划将篮子里的换洗衣服洗干净。你知道吗？当我完成这些事情的时候，一切依然存在，并没有因此造成长期损害。

选择放手也可能与你现有的一些情绪有关。这些情绪会阻碍你成为最好的自己或阻碍你过上幸福美满的生活。如果你一直处于愤怒状态或怀恨在心，那只会伤害你。与其这样，还不如松开拳头，让自己释怀。

践行感恩

不要拿你的经历和别人的经历做比较，他人所经历的事情，我们要怀着感恩的心去看待，同时，我们也要感恩自己所拥有的一切。研究表明，当我们感恩时，它对我们生活的各个领域都会产生积极的影响。我可以通过我自己的经验来证明上述观点。当我有意识地庆祝生活中的美好事物时，我总是感觉非常快乐。这也对我如何教育我的孩子有积极的影响。我想给他们留下一份感恩的遗产，如果我自己没有过上幸福、感恩的生活，我就不可能会这样做。

不要总是在自己身上附上“应该”一词

这纯属文字游戏，在行为和习惯上，过多地使用这种流行的情绪强调词语是没有帮助的。职业教练塔米·古勒·洛布(Tammy Gooler Loeb)说：“当你听到这个词语时，它应该浮现在你的脑海里，或者正从口出，你只要知道它不是在为你服务的，就可以写一本有关规则的书。”[11]

“应该”这个词语经常会潜入我们的脑海。以下是其他职场妈妈们分享的几个例子：

“我应该多打扫我的房子。”

“我应该带我的孩子去参加这个活动。”

“我不应该把这么多工作带回家。”

“我应该多打电话给我的朋友。”

“我应该锻炼。”

“我应该在教堂当义工。”

“我应该能做到这一切。”

把自己从那些“应该”中解放出来,它们可能会束缚你的头脑和控制你的决定。

限制你内心的“批评家”

你知道你大脑里总是存在消极的声音吗?你必须限制它。这种消极的自我对话具有欺骗性和破坏性。你需要留意在你的头脑中什么时候开始出现了这样一种重要的自我对话,这就是消除它的第一步。一旦你注意到这种对话的存在,务必用更积极或更准确的话语来代替它。你内心的“批评家”经常是一个唱红脸,一个唱白脸,或者只是泛泛而谈。不要说“我是世界上最差劲的妈妈”,而要说“今天的我,作为母亲,还有很多地方需要改善,但是来日方长,我相信我会更加努力,明天会做得更好”。

对支持或反驳自己观点的证据进行验证也是有益的。例如,下一次当你内心的“批评家”批判你是世界上最差劲的妈妈时,你要停下来好好地反思这句话,你会很快意识到这个观点不是真的,从而证明了你大脑中存在的消极的自我对话是不准确的。

践行自我接纳

当你因身兼多职而应接不暇时,践行自我接纳就好像自己在接受挑战一样。当自己茫然不知所措的时候,我发现自己会因一些小事情而吹毛求疵,而我也没有对自己放松要求。如果你也是这样对待自己的,请尝试践行自我接纳,要认识到世界上只有一个你,就像今天的你一样,你是独一无二的,你的天赋很重要。回忆一下你做得好的方面,并认识到没有人的生活是完美的。你要像对自己的家人一样给予自己爱和同情。

明确你要成为什么样的人

花点时间去挖掘自己独有的潜能,并制定个人的目标或任务说明。对你的成功、核心价值观和目标进行评估。然后,拟定一份说明书,说明你自己想要成为什么样的人。如果你觉得自己目前完全没有时间和精力,这种自我反思的练习实践可能会被搁浅。当你确定目标时,你可以将它作为行动指南,指导你在生活中正确地做出选择,剔除你生活中不想做的事情。

你可以考虑将这份目标说明书与你身边的人分享,比如你的丈夫或亲密的朋友,他们可以给予反馈。如果你乐意接受这些反馈,它将会激励你继续前行,最终实现你的既定目标。

这些策略并不是“万能法则”，使你永远不会受压力、内疚和嫉妒等情绪影响。但一旦你采纳这些策略，它们肯定会对你的人生观以及生活态度产生积极的影响。

做一个职场妈妈很难，在艰难的生活中，你并不是唯一一个为了快乐而奋斗的人。今天，请多花点时间审视一下你的内心，找出在生活中最普遍的感受是什么，并考虑一下上述策略。我希望在本周至少能为你提供一个策略，让你大步迈向幸福生活。

你很坚强

我认为，职场妈妈是最坚强的女性朋友。在既定的时间里她们承担了如此多的责任和角色，而且在大多数情况下，她们都能相当出色地完成自己的职责。请阅读下列清单，写下一个词语或短句，这个词语或短句会对你的生活有所启发。

成就感	
自尊心	
给予	

（续表）

满足	
爱	
喜悦	
和平	
活力	
希望	
自我价值	

这个练习让你觉得你自己是多么优秀，你的生活是多么令人难以置信吗？我希望答案是肯定的。说真的，想想你在给定的一天内所做的每一件事，这会令你难以置信。有时候，我会回忆三个小时之前自己做的事情，我会回忆我去上班前所做的每件事，提交请假申请、洗衣服、做午餐、照顾哭闹的孩子、写作、与丈夫的联系，等等。我在上班期间做大量的工作，下班之后回家继续做堆积如山的家务活儿。我们需要付出很多精力来完成大量的任务，并且还要管理生活给我们带来的

情绪,通常情况下,我们都没有足够的信心来应付。

在马库斯·白金汉(Marcus Buckingham)撰写的《寻找你最坚强的生活——最幸福和最成功的女人会有什么不同》一书中,他引用了“坚强的女性不会对相同的人生做选择,但她们最终会分享四种相同的感受。她们感受到成功其实是一种本能的期待,是一种她们正在学习、正在成长的感觉,并且是那种她们心中最强烈的需求正在得到满足的感觉。”[12]你看,生活不在于那些给我们带来痛苦、悲伤和挫折的情绪,而在于我们选择如何处理它们,如何过好我们的生活。我们不能沉溺于安定的生活,我们要朝着既定的目标,满怀信心地、快乐地生活。只有这样做,忙碌而美丽的生活才能给我们带来自由,我们才能感到满足。

04

爱别人，也要爱自己

Stretched Too Thin

在外面,我们是职员,是老板,是女强人;

回到家里,我们是太太,是妈妈,是儿媳,是女儿。

我们忙着工作,忙着照顾他人,忙着扮演各种角色。

但是,却常常忘了自己。

今天起,请为自己留出足够的时间;

或许是每天一个小时的健身时间,

或许是一场闺蜜派对,

或许是简单地读一本书,

…………

请相信,做好自己,才能做个好妈妈。

我最小的孩子在婴儿床上睡着了,两个大孩子正在和他们的爸爸一起玩游戏,我趁机溜上楼去洗个热水澡,然后安静地看书。洗澡是我滋养灵魂的最佳方式,当结束了一整天长时间的工作之后,我真的很享受这个时刻。我悠闲地在浴室里沐浴了大约 20 分钟,空气中弥漫着浓浓的薰衣草沐浴露的气味,此刻,小脚跑上楼梯的声音打破了宁静。浴室门被推开了,我看到两个大孩子向着我咧嘴笑。

对孩子们而言,门是毫无用途的,是吧?

我儿子看着我,然后看着我的书,说:“所以,你待在这里就是为了看书?”

真是两个小淘气!是的,这里没有孩子,所以我可以安静地待在这里看书。我笑着说:“是的,妈妈喜欢独自一人看书,你们赶紧去睡觉吧!”话音刚落,两个孩子撒腿就跑,完全不理会他们身后的门。

你有没有尝试过给自己留出时间,让自己专注于某事或某人?从这件事情来看,我的孩子们确实离开了,我又开始继续阅读。但事情并非总是那样发展。

为自己腾出时间,优先考虑照顾自己,这要比泡泡浴重要得多。对许多职场妈妈来说,照顾自己是非常困难的一件事情。我很了解这一点,因为我亲身经历过一段时间,我把自己的需求排到了最后。但现在,这种情况就很少出现了,因为我要拼命地为自己留出时间。我可以小睡一会儿,可以和朋友出去约会,可以锻炼身体。我为什么要做这些事情呢?因为当我照顾自己的时候,我感觉非常好,我拥有最健康的自己。作为职场妈妈,我们必须遵循氧气面罩的原理,我们只有戴上自己的氧气面罩去照顾自己,然后才能更好地照顾身边的人。

有78%的职场妈妈参与了我设计的调查,对她们来说,照顾自己会让她们备受煎熬。我理解她们的想法,把我们自己的需求搁浅,为其他优先事项让路,大多数的职场妈妈会选择这么做。但是,当我们忽视自己的时候,不仅我们会受到煎熬,其他人也一样会受到煎熬。最终,我们会完全忽视照顾自己,这会给我们的生活带来极大的破坏。

许多职场妈妈会自欺欺人地告诉自己,照顾自己是一种自私的表现。因为她们认为,她们不断地在挤时间工作,没办法腾出时间照顾自己,实际上,这种想法偏离了事实。我们有意识地为自己投入时间,这仅仅是为了体现我们的自我价值,并宣布我们作为个体的重要性。照顾好自己不仅对我们个人,而且对我们身边的每一个人都起着举足轻重的作用。如果我们的孩子们发现我们把本属于自己的身份完全隐藏起来了,我们就不能正确地教育我们的孩子们真正拥有属于他们自己的身份。

只有我们采取必要的措施来优先考虑自己,才能拥有充沛的体力、强健的体魄和健康的心理。为自己投资时间并不是自私的表现,这是你必须要做的。我希望,这一章的内容能够指导你慢慢养成这样一种习惯:定期为自己腾出一部分时间,学着照顾自己。

学着照顾自己

对不同的人而言,自我照顾具有不同的意义。对一些女性朋友来说,自我照顾就是享受一天的温泉疗养。对一些人来说,自我照顾就是来一次徒步旅行。还有一些人可能把自我照顾等同于祈祷和独处一段时间。在对自我照顾这门学科的研究中,我发现,自我照顾包含了所有的事情或者更多的事情。在广受欢迎的播客节目《简单秀》(*The Simple Show*)第 121 集中,主持人特什·奥森赖德(Tsh Oxenrider)引用了肯德拉·阿达奇(Kendra Adachi)对自我照顾的定义,他认为自我照顾就是任何能让你感觉更像自己的东西或事情。我确实非常赞同这种简单的定义。当一个人为自己腾出多余的时间和精力照顾自己时,他们正在让自己的思想、身体和灵魂变得更加"精神焕发、活力四射",变得更加健全。

在后面的章节,我将照顾自己分为心理调适和情绪管理、健康管理。如何您有信仰,也可通过精神修养的方式来实现照顾自己的目的。你可能会发现,你需要在某个方面投资的时间和精力比其他方面多一些,这纯属正常情况。在阅读本章的过程中,真诚地对待自己,并考虑一下你可以采取哪些措施,这样你才能更加健康,更加快乐。

心理调适和情绪管理

你是否曾经因忙于工作和照顾他人,最终导致自己在精神上或情感上感到疲惫不堪? 如果我们不多照顾自己一些,各种各样的情绪就像过山车一样,一阵儿开心,一阵儿不开心。当我们感到有压力时,意想不到的事情很容易把我们推到悬崖边缘。当我们对我们最爱的人发脾气并失去耐性的时候,我们的善意就会变得无影无踪。我知道,当我被繁重的工作缠得脱不开身而感到全然不知所措时,我就会变得脾气暴躁、喜怒无常,对自己身边的人不太友好。为了减轻这种压力,我们必须在精神和情感方面投资时间培养自己。

做自己喜欢的事情

在心理调适和情绪管理方面,我主要采取的一种方式是尽可能地为我喜欢做的事情腾出时间,让我做的事情更有激情,因为这样做能够让我感到特别有成就感。什么事情是你喜欢的,能够让你更有激情? 这个问题或许每个人都有不同的答案。阅读、写作和做手工是我的三大爱好,而你的爱好可能是跑步、缝纫和烹饪。我发现,重要的是你要创造时间和空间去做你喜欢的事情,其他的事情都不重要。

有一次,我在一次会议上听到一位谷歌的前员工说,谷歌给沙盒项目带来了巨大的价值。他所指的是人们纯粹为了创造性表达而做的事情。对他来说,他想做的就是写博客。

如果想要创造和谐、安定的生活，那么，做点有趣的事情就显得尤为重要。我喜欢做手工。在我的孩子出生之前，我在业余时间，总会不停地做一些手工制品。随着我的事业不断发展、家庭成员不断增加，我很少有时间去做工艺品了。有一段时间，我的工作非常忙碌，我有好几个月都没有去做手工制品，当我走进我的手工艺室的时候，我不禁伤心起来。我太想念它了，因此，我决定必须改变我的生活现状。现在，我正在从事一份更好的工作，为了追求这种创造性表达的爱好，我不断地挤出时间，因为这对我的健康非常重要。

今年万圣节的前几周，我在 Instagram（一个社交应用平台）上发表了一篇关于万圣节服饰的报道，有人回复了我，她说："你怎么会有时间制作服装呢？对我来说，回家做饭的时候是我一天中美妙的时刻。"我回答说："你花时间去做对你重要的事情。我则跳过做家务活儿，直接做服装。"现在，对一些人来说，不做家务是完全不可接受的，但对我来说，正如我之前所说的那样，我并不介意。做点有创意的事情，让我更加兴奋，更加快乐，我能够以轻松的、积极的态度做其他的事情。实际上，在我做这套服装的那一周，我的工作量非常大，而且很耗精力。虽然我已经筋疲力尽，但我还是努力克服种种困难。鉴于此，我还专门停下手中的活儿，花时间进行创作，我知道，如果我坚持这样做，我就会一鼓作气，铆足劲儿完成服装制作。

你最后一次忘我地做自己喜欢的事情是什么时候？几年前，我在一次会议上问过这个问题，一位女性听众举手回答了我的提问。她说，她最后一次做自己喜欢的事情是在她成为母亲之前。她最大的孩子现在已经13岁了。这位女士接着说，她已经很久没有给自己留时间去追求自己喜欢的东西了，她甚至不知道如果有充足的时间她会做些什么。

如果她的亲身经历让你产生共鸣，而你不知道你喜欢做的事情是什么，或者说如果你有时间做一些你喜欢做的事情，你会做什么呢？请回忆一下你的童年，你小时候喜欢做什么？很有可能在今天，同样的一件事情对你来说仍然有吸引力。自从我学会阅读以来，我一直对自己能在书中畅游感到兴奋。今年，我把阅读列为优先事项，平均每个月阅读四到五本书。这个目标让我感觉很有成就感！

用日志记录你的生活

许多人认为写作具有治疗作用。职业顾问凯斯·霍多斯（Kayce Hodos）在北卡罗来纳州的维克森林有一家私人诊所，她经常将这种做法与困扰职场妈妈的问题整合后纳入她的治疗中。她说，女性朋友的写作，无论是以列表形式，还是通过手机上的写作应用程序，或是以写日记的方式进行，这些都不重要。但是，自我表达的行为会对一个人的心理健康产生巨大的影响。[1]

如果你对日志记录感兴趣，但又没有任何行之有效的办法让你着手去做。不妨试一试下列办法：

①自由式日志记录。这可能是最简单，要求最低的一种日志记录

形式,因为它属于自由形式的风格。在这种类型的日志记录中,你可以如实地将你脑海中出现的任何东西进行记载。卡伦·科普(Karen Copp)是一名护士,同时她也是两个孩子的妈妈,她说:“对我而言,日志记录就是将头脑中充斥的思想、希望和梦想记录下来。我还用日志记录的方式写了祈祷文。我发现,一旦我把这些想法写在纸上,我的头脑就会有条不紊地呈现出那些需要我专注的家务事或工作任务。在我开始参与此次实践之前,我觉得我的大脑处于凌乱状态并且注意力不集中。日志记录让我头脑更清楚、更有条理。”[2]

②祈祷日志。有些女人,比如卡伦,她用日志来记录她们的祈祷。我们将在本章的精神修养一节更多地讨论这个问题。

③列表日志。不必像写冗长的散文那样记录日志。列表日志就应该像字面意思所定义的那样是一个列表式的日志。写清单可以帮助你以系统化的方式记录你的想法。有一年,我买了一本名为《52 个列表》的列表日志。每周我都会根据列表提示符制作一份列表。我满怀期待地在午休时间花几分钟逐一记录我要做的事情:从我喜欢在户外做的事情到我想在冬天里做的事情。我喜欢这个过程,虽然我不是一个大记者,但是这些提示将会激发我的创造力,还能帮助我进行自我反思。列表日志几乎不存在任何压力,对于刚开始写日志记录的人来说,这是非常棒的。

④感恩日志。这种形式的日志记录的是你所感激的事情。一些女性朋友更喜欢使用专门的感恩日志本,这种日志本具有指导意义,

并且有空间用于记载今天发生的需要感恩的事情，而另一些女性朋友则更喜欢使用一本空白的笔记本。无论采用哪种方法，事实证明，通过日志写作记录感恩点滴的方式能增加快乐并且能改变一个人的看法。通过记录感动你的事情，你可以达成这一天的既定目标，包括你以前可能会忽略的事情。当某一天你经历困难的时候，翻阅你的感恩日志也可以是一种有益的实践。

⑤电子日志。从传统意义上讲，我们是用笔记录日志，但现在很多人更喜欢在电脑或手机上写日志。克里斯蒂娜·柯克（Christina Kirk）是一位科学家，同时也是一位母亲，她说："通常情况下，我会选择用 Gmail 写电子邮件，但我不会发送。我打字的速度比我写字的速度快，写字时，有时我会感到很沮丧。'写电子邮件，但不发送'这种方式可以帮助我整理大脑中的东西，但不会将其暴露于外界并造成影响。"[3]对一些人来说，电子日志能促使他们更自由地进行思考，正如克里斯蒂娜所描述的那样。

向专业咨询师咨询

有时，我们背负了沉重的负担，我们无法独自承受。向专业人士咨询可以帮助你度过一段困难时期，或者纯粹是为了获得一些解决问题的新办法，让你过上好生活。如果你与专业人士进行交谈，那么，他们会给你一些无偏见的观点，这对你是很有帮助的。克里斯汀·豪尔顿（Kristen Howerton）是一位职业作家兼顾问，同时，她还是四个孩子的妈妈，她说："我认为，在我们筋疲力尽的时候，我们的情绪有时会作怪，以致产生消极的影响，因为我们没有足够的时间和精力去处理消极的情绪。与咨询师面谈可以让我们获得更多的时间，并且他能为我们提供更有效的解决办法。与另一个人一起处理问题叫作情绪宣泄，而大声说出我们的问题往往会有好处。"[4]

对某一些人来说，获得精神帮助是一种耻辱，有问题不应该求助于别人。正如一位名叫克莉丝汀（Kristin）的职场妈妈分享她亲身经历时所描述的那样："咨询其实是一种耻辱——比如，如果你必须和专业的咨询人士讨论你的问题，那么，你就是个失败者或类似于失败者的人。我自己也犹豫了很久。今天，我主张每个人都要思考这个问题，找一个愿意尊重你和乐于倾听的人。有时候，我的咨询师告诉我，我的这种感觉是正确的。有时候，我会大声叫喊出来，我需要这样做！"[5]

与专业咨询人士面谈好处有很多。在你遇到困难的时候，咨询人士可以站在公正的角度为你提供克服困难的建议。对于需要经常满足其他人需求的职场妈妈而言，咨询恰好是一种独特的休息方式。迈尔斯·阿德科克斯（Miles Adcox）是一位研究机构创始人，他对咨询做出了肯定，认为患者可通过接受临床治疗以促进快速成长，这对任何渴望学习、治愈和成长的患者都是有益无害的。

咨询不仅仅能解决人们的问题，它还可以为人们提供机会，让人们更深入地了解我们是谁，我们想要成为什么样的人，这不是我们的问题根源，相反，这是我们正确的处理方式。咨询往往是必要的，它可以改善糟糕的生活环境，修复创伤并减轻压力。对其他人而言，无论是在遭遇逆境之前，还是身处逆境之中，咨询都是很有必要的。如果你在生活的各方面都感觉到有压力，不要等待别人伸出援助之手。此外，如果你想要成为一个顶天立地的人、一位优秀的领导者、一个成功的妈妈等，那么，咨询和教育、信仰一样都是人类发展的重要因素。这三个因素往往会携手共进。[6]

尼克（Nickie）既是一位护士，也是一位母亲，她分享自己的经历时说道："我的咨询经验帮助我理解了咨询的价值和它的真正意义。咨询不仅仅是坐下来谈论你的感受而已，它是在教会你为什么要这样思考，解决问题有哪些方式，以及如何利用健康有效的办法改变你的思维方式。"[7]艾米（Amy）既是一名教师，也是三个孩子的妈妈，她分享了她的经历。多年来，她的家人多次使用咨询服务，包括婚姻指导和处理与孩子有关的问题。她补充道："我们把咨询师称为'家庭顾问'……因为他们可以帮助我们的家庭变得更幸福、更和谐。在许多方面，我们都能从中受益，我们能够在一些事情上获得客观建议，也能够就逆境的话题进行分享交流，我们的恐惧、焦虑和压力也会得到第三方的肯定。我们常常会这么认为，如果每个人都能寻找专业咨询师进行面谈,这个世界就会变得更好。"[8]

咨询的频率需因人而异。有些人会选择每周与咨询师进行一次面谈、交流,而另一些人则会选择每年与咨询师进行一次面谈、交流,以发现问题症结并设定目标。无论什么时候或出于什么原因,咨询都可以成为照顾自己的一个重要组成部分。正如职场妈妈雪莱(Shelley)肯定咨询的好处那样:"当我在接受治疗的时候,我能够重新调整情绪,自由地呼吸。现在,我成了一个更好的人,我可以把我所学到的一切理论都运用到日常生活中去。"[9]任职房地产经纪人的职场妈妈凯伦(Karen)分享道:"对我而言,咨询是很有启发性的,治疗师总会设法问我一些问题,帮助我从不同的角度看待事情。每周,我需要腾出一个小时留给自己,这样做有助于我们整理思绪,梳理情绪,释放压力,这是一件非常有必要的事情。"[10]

你应该花点时间和精力去寻找一位咨询师,这能真正地让你终身受益。许多人认为他们通过咨询发现了一些未曾了解的问题,改善了他们之间的关系,并学会了如何才能健康有效地生活。

心理调适和情绪管理并不是一种特权,但你必须要认真对待。你需要根据你的工作日程安排一点时间或者利用周末来对自己的需要进行安排。这样做是确保对自己进行持续投资的唯一途径。

健康管理

在我的第三个孩子出生后,我被诊断为腹直肌分离。腹直肌分离是指双侧腹直肌之间因拉伸或撕裂造成距离异常增宽。这种病症通常发生在多次怀孕之后，严重的时候，可能导致下腰痛或疝。为此，我经常被腰痛折磨得泪流满面。当我弯腰时，疼痛让我喘不过气来，以致我很难处理我的日常工作。

和我的妈妈、我的外婆一样，我的胸部非常丰满。从高中开始，我就想做乳房缩小手术。在哺乳期之后，我的乳房依然很大，也引起了肩颈疼痛以及慢性头痛。

这两种病症严重影响了我的身体健康。我几乎每周都要去脊柱科就诊。我经常服用治疗偏头痛的药物。我开始寻找理疗师为我治疗，希望能够修复纵隔，但疼痛依然没有得到缓解。

最后，我说："我受够了。我再也不会过这种生活了。"我要去找整形外科医生会诊。我填写了相关表格，以便能够获得保险公司的批准。我花钱做了一次腹部整形手术，医生对我的腹部撕裂进行了重新修复，并消除了我怀孕时遗留下来的妊娠纹。十个月后，在一次手术中，我同时接受了乳房缩小手术和腹部整形手术。

那次手术真的改变了我的生活。如我所料，物质解脱起到了立竿见影的作用。意料之外的是，我在信心和情绪方面也收获颇多。

手术需要倾注大量的时间、金钱和精力。康复的过程是痛苦的、艰难的、缓慢的。在短期内推迟手术，把我的注意力转移到需要承担的其他职责上，会更容易一些。但是，推迟手术对任何人都没有好处，尤其是我日复一日地被痛苦折磨，严重影响了我的生活质量，这也给我身边的人造成了不良影响。照顾自己的确很重要,它最终对我的工作、家庭和生活产生了积极的影响。

当生活发生戏剧性的变化之前,许多女性朋友都不重视自己的身体健康。我们必须改变这种心态,我们要认识到花时间和精力对我们的健康进行管理是追求幸福生活和成功的必要条件。

你曾经是否因过度劳累而生病倒下? 在一年之中,这种情况有好几次发生在我身上。我因繁忙的工作导致身体透支,厄运终于降临在我身上。我虚弱的身体迫使我要多休息,同时也提示我需要腾出时间照顾好自己的身体。

我们绝不会让我们的孩子因疏于照顾而生病。然而,作为一位职场妈妈,我们总是随意搁置自己的需求,找借口说我们太忙了,没有时间去医院做身体检查、清洁牙齿,更没有时间参加体育锻炼。我们的饮食选择不均衡,没有充足的睡眠,在短暂的休息后,总是无休止地去完成手上的工作。我们需要立即停止这种恶性循环。

接下来,让我们重新回顾一下健康管理的一些基本方法。

定期检查

去医院检查不是一件值得开心的事情,也不是一件必须优先考虑的事情,但定期做身体检查是保持身体健康的一个重要环节。你应该每半年去牙医那里做一次口腔检查并清洁牙齿。另外,你需要每年都接种流感疫苗,因为这样有助于你和他人保持身体健康。

去体检前，要精心准备，在你的记事本上列一张问题清单。每当你想到一个问题时，都要将其添加到该列表中，这样，你就可以有效地利用医生给你做检查的时间。此外，请注意其他筛选的指导原则，如乳腺癌、结肠癌和宫颈癌，因为这些项目的检查因年龄而异。

如果你的身体检查结果出现异常，不要坐等安排后续预约。健康的你是送给自己和家人最大的礼物。忽视自我照顾，拒绝接受身体检查是不可饶恕的。

要注意自己的身体

我们的身体是“晴雨表”，我们可以透过身体表象知道什么时候出了问题。关注你的身体，如果出现不良反应，请立刻做出应对，不要忽视它！从长远来看，忽视只会带来更多的麻烦。

我有一位朋友，多年来她一直饱受因气血失调引起的虚弱和月经过多的困扰，在为她安排最后一次消融术之前，她就患上了严重的贫血症。当她接受手术的时候，血液的铁含量太低，以至于医生们怀疑她是否能够正常走路。患上了贫血症多年之后，她的身体和大脑不仅适应了低氧水平，而且因血液缺铁，心脏出现了杂音。医生给她输了4升的血，这样可以确保她安全地进行消融手术，但是经过简短的20分钟手术，她出现了心力衰竭，导致了严重的肺炎，她必须住院六天治疗心力衰竭和肺炎。多年来，她对自己的身体漠不关心，以致出现危及生命的心脏衰竭。

虽然她的经历让人觉得有点极端，但它提醒我们不要忽视自己的身体健康，不要再说不方便检查或手上有更重要的任务需要完成。记住！没有什么比你的健康更重要！

大量喝水

在你的身体里，百分之六十是水，所以人体需要摄入足够的水分才能维持正常工作。每天水分的摄入量因人而异，但在你的年龄段，你要保证每天摄入 8 杯 8 盎司(1 美制液体盎司 = 29.5 毫升)的液体或水分。当我摄入一杯水开始我崭新的一天时，我发现自己身体有了很大的变化。如果你发现自己大量喝水很困难，就在一杯水里加一个香精包。同时，随身携带一瓶水，这样你就可以一直喝水。

锻炼

你应该花点时间参加体育锻炼，这不足为奇。疾病控制与预防中心建议成年人每周至少要参加 150 分钟的体育活动。[11]

许多职场妈妈和我分享过她们想参加体育锻炼的想法，但是要腾出时间是非常困难的一件事情。记住！要积少成多。即使这里有 15 分钟，那里有 15 分钟，加起来也会有不少时间。

长期以来，我一直努力挤出时间参加体育活动。在丈夫的鼓励下，每天清晨，当孩子们还在熟睡时，新的一天就开始了，我开始通过慢走来锻炼身体。坚持了几个月之后，我又增加了几个体育项目。我还买了一辆自行车放在我的办公桌下面，我可以一边蹬自行车踏板，一边工作。我坚持参加这些体育活动，这样做对我的身体健康和心理健康产生了巨大的影响。

杰斯·博特(Jess Botte)是JBeWell(一家健身中心)健身解决方案的发明者，也是这家健身中心的总教练，她鼓励她的学员不要只专注于减肥目标。

> 我们的目标是释放压力，变得更强壮，而不是一开始锻炼就累得气喘吁吁，我们需要有更多的精力，我们要找到量化的方法。我从未听学员说过，有了体育锻炼以后，他们的生活会变得更加糟糕，或者说，这种体育锻炼在某种程度上会对他们产生负面影响。我发现体力可以等同于精神力量。我认为这是最大的收获。增加力量还等同于增加自信心和提高自我价值。[12]

身为职场妈妈，你需要培养适合你的锻炼习惯。珍妮弗·麦休·巴克(Jennifer McHugh Barker)是一位儿科医生，同时也是三个孩子的妈妈，她每周锻炼五次。将繁忙的日程做了安排后，她发现可以利用网站免费参加体育锻炼，这些网站提供不同时间长度及不同难度系数的锻炼项目并且每周能和朋友们一起跑步几次，她在照顾自己身体的同时，又能参加大量的活动，还能增加与朋友相处的时间。[13]

我们的心理健康也受到体育活动的影响。尼克·斯奈德(Nickie

Snyder)是一位护士,同时也是两个孩子的妈妈,她说:

> 没有参加体育锻炼的时候,我显得很急躁,容易心烦意乱,坦白地说是脾气暴躁。自从我跑步跑到新兵训练营以来,我的锻炼方式变得多种多样,但这对我来说是如此重要,以至于我每周至少有三到四天参加锻炼,每次锻炼30分钟。这需要我制订计划、遵守纪律、按时上床睡觉,这些都值得为之努力,因为这样做我感觉很好。除了对我自己的健康有益之外,我希望能为我的孩子树立榜样,让他们长大后认为锻炼和呼吸一样重要。[14]

健康饮食

要想实现均衡饮食,应多吃水果、蔬菜、瘦肉蛋白和富含纤维的谷物,这些都是最健康的食品。尽量减少摄入加工过的高脂肪和高糖类的食品。健康教练莉莎·贝克(Liza Blker)推荐多吃瘦身食品,这种食物通常顺应季节,具有有机性和地方性特点。她的建议很有道理。对她的许多学员来说,做出改变并不容易。因此,她建议从小事做起,正确地做出选择,让我们向健康食物迈进一大步。[15]

正确地选择膳食有助于你减少准备食材和做饭的时间,让你有更多的时间去做其他的事情。做一顿双份的晚餐,这样你可以为下一餐留一份，或者你可以把一部分食物冷藏起来，为之后的约会做准备。煮两只整鸡，而不是一只，因为你需要用另外一只鸡来做汤、沙拉、玉米饼、塔可等。当杂货店在烤火鸡或牛肉的时候，我经常储备起来，然后通过褐变反应、做肉丸等方式来做好一切准备工作，最后，我把准备好的肉放在冰箱里，这样，在忙碌的几周里，做晚餐就变得非常容易了。我喜欢在一周内将早餐做成大杂烩，但是每天早上要切甘薯、洋葱、土豆和胡椒都会让我感到乏味。所以，我在星期天下午一次性切了很多肉和菜，然后再用大平底锅烤两锅食物，这样，一周的早餐大杂烩我就准备好了。许多职场妈妈会做冷餐，这就使她们在工作繁忙的时候很容易解决晚餐问题。忙碌的妈妈们和博主艾琳（Erin）都喜欢通过上网浏览杂货店的方式来挑选食材，然后准备好每周的食物。她喜欢把健康的零食包起来，这样，她们在赶路的时候可以随手拿着。她花时间做一次饭，就可以确保她和她的家人整个星期都能吃到健康的食物。[16]

提前安排饮食和零食会使事情变得更加顺利，以后，你因选择食物而后悔的可能性就会更小。

保证充足的睡眠

睡眠对身体健康至关重要。当孩子年幼的时候，我们总能分辨出他们什么时候需要更多的睡眠。成年后，虽然我们能更好地克制我们对睡眠的需求，但当我们感到疲劳时，我们的身体会通过某些显露的迹象：易怒、难以做出正确判断、不能清楚表达、行动缓慢发出警告。

在我长时间工作的那段时间里，我发现我会在晚上 8:30 就上床睡觉。我没有持续干活儿并且不停地做更多的工作，而是听从自己的身体，按时上床睡觉。我确信，在工作繁忙的那段时间，多睡觉可以让我保持身体健康。

美国国家睡眠基金会的数据显示，女性平均每晚应该有 7~9 个小时的睡眠。[17]如果你睡眠不足，那么随着时间的推移，你的身体会受到损害，对你的精神和情绪也会造成更大的影响。一定要调整你的作息时间表，这样每晚你就可以获得最佳的睡眠时间。因此，晚上你要少做事情，早点休息。如果你休息得好，你会成为做事效率高，又有幸福感的员工、妻子、母亲和朋友。

你需要对自己在身体健康方面做出的选择予以评估，并考虑你应该在哪些方面做出改变才能更好地照顾自己。因为只有一个你！

精神修养

在布琳·布朗（Brené Brown）所撰写的《不完美的礼物——不要让自己为所欲为，做真实的自己》一书中，她对"灵性"一词的定义源于电影《那一个晚上》（又名《家变》），其定义是"我们每个人都拥有比我们所有人更强大的力量，并且彼此之间有着不可分割的联系"。她接着说："我们与那种力量之间的联系建立在爱与同情的基础之上。精神修养给我们的生活带来了不同的人生观、价值观以及目标感。"[18]

我是一名基督徒,我可以证明布琳所说的关于灵性的真理。当我有意识地与上帝建立个人联系并积极地将这种关系集中建立在对他人和对自我爱与同情的基础上时,我感觉自己成了一个健全、健康和快乐的人。因为这种灵性(即我们与上帝和其他人的联系)在我们有能力成为健康个体的过程中起着不可或缺的作用,而且它还能在实现自我价值方面起决定性作用。当我们忽视自己的时候,也常常忽视我们的灵性。我们可能都经历过这样的过程,但我们没有经历过有意义的成长过程。

精神修养的形式是多样化的,你可以去教堂祷告,在大自然中散步,每天读一本心灵鸡汤之类的书籍,这些都是精神修养的重要组成部分。

冥想与修行

使一个人的思想平静下来并进行冥想的行为叫作“灵性上的修养”,这种传统方式被许多宗教和哲学家接受。东方人的冥想习惯通常是专注地呼吸或思考问题。而西方人的冥想方式更为深入,《圣经旧约》所推崇的方法源于《诗篇》46 章 10 节的文字内容:“安静下来,把自己当作上帝。”

有一种风靡全球的精神修养形式称为“正念冥想”。有一次,在我办公室举行的研讨会上,我第一次了解了“正念冥想”的概念。在过去的几个星期里,我惊讶地发现,当我更加专注地工作时,我的身体松弛度和我的思维方式发生了积极的变化。

“正念冥想”教练伊曼·坎解释道：

“实际上，正念是指在当前生活中，学会用一种非评判性态度来进行练习，而非评判性态度是正念冥想的核心内容。这让我想到，当我们涉及职场妈妈的话题时，大家都会抱怨自己压力太大、待办事项繁多、承担的责任大。大家觉得我们必须让所有人满意。而正念冥想要告诉你的是学会释放压力。当你觉得有什么事情让你感到紧张的时候，你要学会后退一步或让眼前的事情暂停一下。”[19]

这种暂停方式有助于你以局外人的角度来理解他人和看待事情。当你练习“正念冥想”时，你只从某个角度来看待事物的可能性就会变小。这会促使你从其他角度出发，正确地看待自己。这样你就能够心平气和地接受反馈，以宽阔的胸襟应对改变。

许多书籍、播客和研讨会都在传授“正念冥想”，所以“正念冥想”基本上是指在练习保持安静的同时保持警觉。以下是一些让你开始练习的小窍门：

①腾出时间。“正念冥想”不需要任何特殊的设备、椅子或垫子。你只需要在繁忙的一天中腾出时间进行练习。

②客观理性地观察当下的情况。其目标并不是追求一种平静的

生活状态或平静的心灵状态,尽管这种情况经常发生。它的目标仅仅是关注当前生活,不要带有偏见,思想不能开小差。对许多职场妈妈来说,看待事情持一种非评判性态度是最困难的一部分。

③让大脑中的判断快速跳过。当你在练习正念的时候,如果你发现“判断”在你的脑海中悄然出现,做一个心理笔记,然后让它快速跳过去。现在不是分析它们的时候。

④返回去觉察当下。你的头脑很容易被所有你必须做的事情分散注意力,这就是为什么正念冥想需要返回去觉察当下。

⑤善待飘荡的思绪。表现出自己的善良,不要评判那些潜入其中的想法。相反,要了解你的思绪飘荡在哪里,然后轻轻地唤起注意力带回至当下。[20]

这就是我所指的窍门!

尽管“正念”看似简单,但它确实需要大量的练习。你可能会发现,当你持续进行“正念”练习时,你会发现一些有关“正念”练习的应用程序(Headspace,Smiling Mind,Imindfulness,Mindfulness Daily)对你大有帮助。

阅读灵性书籍

另一种促进灵性成长的方法是阅读一些能产生共鸣的灵性书籍。对灵性和精神实践进行研究,旨在加深个人信仰,其研究历史已长达几个世纪。在我自己的生活中,我发现别人的话语和他们的信仰故事加深了我的个人信仰,也映射出我自己的信仰。例如,安·沃斯坎普(Ann Voskamp)所撰写的《一千件礼物》一书教会了我如何从感恩的角度来看待生活。在我看来,埃米莉·弗里曼(Emily Freeman)撰写的《一百万个小方式》一书改变了我关于上帝、艺术和创造力的看法。作为一个热心的读者,我发现灵性书籍给我们带来了深远的影响。

花时间阅读《圣经》是另一种培养灵性的有效方法。我经常发现,当我翻开《圣经》时,文字直接反映了我的生活现状。我越学习书中的知识,我就越能把真理运用到我的生活中去。

写祈祷日志

前面我们已经讨论了写日志为什么有助于心理健康和情绪调节。特别是祈祷日志,它也有助于你的精神健康。

对许多职场妈妈来说,写祈祷日记最大的好处在于写作能避免分心,有助于我们集中精力。通过写祈祷日志,人们能够专注于他们与上帝的关系以及他们之间的交流。写作比说话慢,所以,它可以让祈祷艺术变得更富有意义。

祈祷日志有助于记录你的信仰历程。回首往事,那些得到回应的祈祷是多么令人鼓舞啊!

写祈祷日志也可以成为一种有用的方法,能有效整理你在《圣经》中学到的知识。写祈祷日志有助于提高你的理解力和记忆力。

与他人聚会

生活在社区的你会有很深的灵性。与其他人聚会也是鼓励你信仰的一种方式。这种情况可以发生在做礼拜的地方，或简单地与一群志同道合的信仰人士一起喝咖啡。例如，许多教堂会专门预留时间或地方给社区或家庭团体，有助于人们在周日上午互相交流。

尽管如此，对一些人来说，聚会这种事情会让人感觉精疲力尽。例如，我们教会尝试着举办了几场社区团体活动，我和丈夫意识到每周一次的聚会给我们的生活增加了压力，这不是我们所期待的生活。所以，我们决定以后不再参加。这样做也是可以的！但对于我们的朋友来说，他们的社区团体活动一直是他们的生命线，他们无法想象没有了社区团体活动，他们一周的生活会怎么度过。精神修养不应该受到强迫，所以重要的是，要认识到什么对你最重要。

如果你渴望参加灵性团体，但与灵性身体没有联系，那么许多禅修中心提供了很多聚集的机会。既有为期一天的冥想研讨会，也有为期一周的关于深入研究信仰的研讨会，这类型的专题讨论会就好似甘霖一样浇灌枯竭、饱受困扰的灵魂。

你不妨考虑一下这种灵性练习或其他练习，并决定你需要养成哪些习惯来确保精神健康。

优先考虑自己，并学会自己照顾自己

只关注你的家庭和事业是不够的，你必须花时间爱自己。不要因为忙于工作而疏忽对自己的关注。爱自己会让你成为称职的妻子、妈妈、同事和朋友。

如果你觉得自己很难做到优先照顾自己，那么你需要像安排工作中的会议一样，为自己合理安排时间。按照计划去健身房，和朋友聚会或者安静地享受一顿午餐。你也可以考虑邀请一个朋友与你结伴而行并相互监督，这样，你就不会疏忽对自己的照顾。这些简单而有效的办法可以确保让你照顾好自己。

今天，我希望你能认真思考如何为自己腾出时间，并且你需要尽可能地按照自己的计划安排做出调整。如果你有一段时间没有做身体检查了，赶快打电话预约吧！

05

爱生活，爱工作

Stretched Too Thin

因为工作,我们没办法经常陪伴孩子,

为此,我们常常很愧疚,也很自责。

善良的妈妈,请别被愧疚感绑架。

做自己热爱的工作,

会为你的家庭带来经济效益,

会让你在职业上和情感上收获成长和快乐,

一个工作上很努力、有社会价值的妈妈,

才更值得孩子尊重。

毫无疑问,我们的工作不一样。我是市场营销员,你可能是医生;我在办公室工作,你可能在商店或家里工作。但我们的相似之处在于,除了我们的家庭之外,为了获得报酬,我们还需要在工作岗位上承担很大的责任。

2007年,我得知自己怀孕了,沉浸在喜悦中无法自拔,同时我也立刻想到自己的工作问题。我工作的那家机构很少有员工育有孩子。对我来说,不工作绝非明智之举,因为我热爱我的工作,同时,对我们的家庭经济来说,我工作所带来的收入是不可或缺的一部分。因此,我别无选择,只能像大多数职场妈妈那样,一边工作,一边照顾家庭。我计划在我办公室附近挑选一家日托所,这样我就可以在午休时间喂母乳,我每天必须在5:20准时下班,不能延时,这样可确保我能准时到日托所去接孩子。这就意味着我和我丈夫必须安排好生活,确保我们有充足的时间陪伴我们的儿子。在我们陪伴彼此的同时,也能够追求我们所热爱的事物。

我们的家庭和我的事业是同步发展的。当我怀上我们的第二个孩子时,有人问我是否会辞去工作。我坚决否定。但在那个时候,我知道我确实想找一份比较轻松的工作。在休产假之前我没料到自己会换工作,但当我怀孕几个月后机会出现了,我毫不犹豫地采取了行动。在我怀孕六个月的时候,我准备递交辞呈。

那一天真是让我受尽了煎熬。我记得我走进经理办公室关上门的那一刻,我哭着说我又找到了一份工作,需要公司的首席执行官知悉。经理听完之后也不禁泪流满面，但她亲切地说："杰西卡，有时候，你必须做出艰难的选择。"

经理说得对，虽然离开是一件非常困难的事情，但这对我个人和我的职业发展来说是最好的选择。那是 2011 年 3 月的一天，我开始胜任这份工作，七年后，我还继续从事这份工作。

我现在这份工作带来的生活是非常不同的，但这是一个很棒的不同。之所以这样说，并不是因为我有了更多的空闲时间可以外出旅行，而是因为我可以请假或更多地在家里办公。我喜欢我的同事们。他们让我了解到什么是社区工作，他们乐观而勤奋。他们支持我在空余时间满怀激情地追求自己想做的事情，他们也爱我的孩子们。

我跟大家分享我的亲身经历，是因为我认为这段经历确实体现了我们身为职场妈妈背负了沉重的压力。我们可以在一份工作中感受到快乐，但这可能会与我们的家庭有冲突。我们爱我们的同事们，很想和他们一起继续共事，但自己又不得不选择辞职。回顾我的职业生涯，我会意识到职场女性只是我其中的一个"角色"而已，工作给我的生活带来很多的平静和成就感。你需要清楚地了解工作对你的意义是什么，更关键的是，你需要权衡它在你生活中的位置是否不可替代。

了解你想工作的原因

我为自己是一位职场妈妈而感到自豪。我热爱我的工作，我相信我做的工作都是有价值的。当我想起其他职场妈妈分享的经历时，我知道了每份工作存在差异的原因。我问了几位职场妈妈为什么要工作，以下是她们的回答：

"我喜欢动脑筋。"

"我喜欢接受工作挑战。"

"我是为了帮助我的家人。"

"工作会让我成为更加快乐的人、更贤惠的妻子、更称职的妈妈。"

"我觉得工作对我很重要。"

"虽然我不喜欢我的职业，但我要养育我的两个孩子，我必须工作。"

"我工作是为了养家糊口，减轻丈夫的负担。"

"我需要工作，因为我觉得工作能让我保持头脑清醒。"

"我需要工作，因为我喜欢和同事们一起共事和交际。"

"我希望我的学位和证书变得有价值。"

"我是我家的经济支柱，我必须工作。"

"孩子们上学后，我就会产生'灵感'。"

"因为我不想只做孩子的母亲。"

了解你想要工作的原因有助于你应对职业带来的挑战。此外，你工作的原因与你看待工作的方式有关。耶鲁大学管理学院组织行为学副教授埃米·韦兹涅夫斯基(Amy Wrzesniewski)博士对一种有用的分类系统做了概述,说明人们是如何定位自己的职业的。以下是《今日心理学》刊载的一篇关于韦兹涅夫斯基教授研究职业倾向性的文章:

①职业倾向。属于这种类别的个人将工作视为达到目的的一种手段。他们通过工作获得报酬和福利是为了追求自己的爱好,帮助家庭或从事生活以外的事情。他们更喜欢从事不干涉个人生活的工作,因为这种工作涉及工作场所或工作职责的可能性较小,所以,这种工作成为他们生活的主要组成部分。

②职业定位。具有职业方向的个人更有可能专注于与成功或名誉相关的因素。他们关注的是自己是否有能力在职业生涯中晋升、加薪以及获得职业所带来的社会地位。对那些有职业倾向的人而言,有一份目标清晰,能够向着"成功的阶梯"攀登的职业更具有吸引力。

③职业兴趣。有些人具有强烈的使命感,他们常常把工作定义为他们的生活和身份地位的一部分。他们把自己的事业看作是自我表达和自我实现的一种方式。他们很有可能觉得工作对他们有非凡的意义,他们会变更自己的职责,发展关系,使之变得更具有意义。总体上讲,他们对自己的工作和生活比较满意。[1]

你对工作的看法属于上述工作倾向中的哪一种？这里没有正确的答案。了解你的工作倾向有助于正确理解你对工作的看法以及因工作带来的激情与挑战。

正确认识你的工作价值

工作会带来很多好处,但你并非能轻易发现这些好处。有时候,我们的工作看起来像是一项任务,因此,我们会忽略这些事情给我们的生活带来的一切好处。以下所列举的好处能帮助你认识到即便你身处逆境,你做的这份工作也会为你带来价值。

满足家庭经济需求

大多数女性朋友外出工作是为了挣钱养家糊口。事实上,当前,在40%的家庭中,母亲成为唯一或主要的收入来源者。[2]女性朋友对当前家庭的经济贡献很大,家庭财务不仅限于银行账户,还包括医疗保险和老板提供的其他福利。对我的家庭而言,我那份全职工作不仅有利于维持家庭经济稳定,而且能够享受医疗福利,能为孩子们支付大学学费(401,000美元),还能享受当地企业的贴现福利等。

提供施展才华的机会

工作为你带来一个施展才华的机会,这可能与你在家里施展才华的方式不同。我一直了解营销方面的诀窍,这种天赋完全有利于我在市场营销领域施展拳脚。如果我是一位全职妈妈,我就不会有这种机会来施展我的营销才能,而这些才华很有可能会因为很少工作而消失。我的朋友梅利莎(Melissa)是一位花商。虽然她可以用自己的才华为她的家制作华丽的花卉,把家装扮得更美丽,但她的工作让这份美丽延伸至婚礼场地、大型活动现场等。因此,她那令人叹为观止的花艺才华赢得了成千上万人的赞赏。

结识朋友

工作也能让人情绪稳定。同事可以变成你的朋友——成年人之间的交流有助于你在工作中保持情绪稳定。2016年,我做手术的时候,我的同事们一起到医院看望我,连续两周给我的家人送餐。那是她们第一次在医院见到我的孩子们,她们比我生命中的任何人都更了解我的日常工作。在工作中,拥有朋友是职业生涯中最幸福的一件事情。在随后的"友谊"章节中,我们将进一步介绍工作友谊的价值。

为社会做贡献

你可能还会发现你从事的工作是在为社会做贡献,这对你而言,具有非凡的意义。我是一名营销员,专门推销大型医院的管理系统,我发现分享健康信息能够对一个人的生活产生积极的影响。在我的写作和演讲生涯中,我没有料到我谦卑的话语可以帮助一个女人过上更快乐、更充实的生活。我喜欢的职场妈妈梅林达(Melinda),她是一名医生,专门为病人办理保险,她说:"病人得到他们所需要的东西并且感觉很棒,我认为没有什么比这更加令人开心了!"[3] 许多职业都为女性朋友们提供了为他人服务的机会。

对孩子们产生积极的影响

你的工作也会对孩子们产生巨大、积极的影响。你们在一起的时间不仅变得更加宝贵，而且你的工作方式和态度也会对孩子们的成长以及他们自己的工作和家庭产生影响。哈佛商学院的工商管理教授凯瑟琳·L.麦克金（Kathleen L. McGinn）、卡纳斯-拉布（Cahners-Rabb），哈佛商学院的研究员梅拉·鲁伊斯·卡斯特罗（Mayra Ruiz Castro）和霍约克学院的伊丽莎白·朗·林戈（Elizabeth Long Lingo）的一项最新的研究显示："外出工作的女性很有可能独自找到工作，也很有可能在工作中承担监督责任，并且职场妈妈会比待在家的全职妈妈赚取更多的薪水。职场妈妈的丈夫更乐意做家务，他们会花更多的时间照顾家庭成员。"[4]基本上，你的工作会对你的孩子们产生积极影响，而且会影响他们的生活方式和抚养家庭的方式。

让孩子懂得工作的价值

你从事的工作能让你的孩子们懂得责任的重要性以及工作会给一个组织和社会做出什么样的贡献。作为一位职场妈妈，你要树立正确而强烈的职业道德，并教授他们胜任多重责任的方法。虽然我的孩子年龄还小，但他们明白必须在工作完成之后才能玩耍。一位名叫克里斯（Kris）的职场妈妈说："我和丈夫尝试向孩子们（一个孩子十五岁，另一个孩子十一岁）解释尽管我们喜欢做自己想做的事情，但对我们而言，工作是工作，你必须去做，去完成它。我们的工作不可能一直都会有趣、刺激。你不可能每天都受到表扬、听到夸奖。有时候，你必须埋头苦干。”[5]

你的工作也为你的孩子展示了如何通过健康的方式朝着目标努力。正如研究人员莱斯利·福德（Leslie Forde）分享的那样，“我试图向我的孩子们展示我在工作中取得的成就，然后，告诉孩子们他们也可以取得很大的成就，但他们必须要确定一个目标，了解自己在做什么。如果他们需要花时间去寻找合适的工具来达到他们的目标，他们就要量力而行”。[6]

教会孩子玩耍的价值是什么

在工作之外，你需要让你的孩子们看到为了做其他事情（包括玩耍）腾出时间是非常重要的。向他们表明自己的工作态度并不是说不让他们看到自己从事其他活动。相反，你应该为你的孩子们提供一种方式，让他们看看你所追求的激情是如何与你的工作发生联系的。我不会对我的孩子们隐瞒我的激情。相反，我会邀请他们参与进来，我会让他们到主卧室里盖上几层厚毛毯和我一起阅读，然后和我同睡在那张超大床上。虽然我们对文学的爱好各不相同，但我们对书籍的热爱程度却保持高度一致。

在工作中获得成就感

女性朋友参与了各种工作,可以将某些实践经验应用于许多职业中,从而使该这项工作取得成功。这里需要注意的是,我对职场成功的定义并不是要进入公司的管理层。相反,成功的定义是你在你所从事的工作中能获得满足感和成就感。

前面提到的研究员,埃米·韦兹涅夫斯基博士提出了"工匠"实践,在这种实践中,人们得到了他们喜欢的工作。"分析收集到的企业样本,证明无论是《财富》500 强企业,还是小型非营利组织,做自己喜欢的工作往往更令人满意,从业者也更容易专注于自己的工作,也许是因为他们每天在工作中所做的事情与他们最珍视的让生活变得更愉快或更富有意义的信念紧密地结合在了一起。"[7]

下面这些建议可以帮助你发现工作的乐趣。如果你对当前的工作不满意,以下办法可以帮助你将工作重新配置为更具吸引力并且与你的技能、目标和愿望相一致的工作。鉴于此,我鼓励你考虑下面的实践,看看它们对你的生活有什么好处。(下面的个别建议针对办公室文化,但大多数适用于从事任何类型工作的女性朋友。)

设定工作界限

给工作设定界限有利于我们在工作中获得满足感,拥有良好的人际关系,成功地完成任务。然而,它们难以创建和维护。当我们没有设定界限的时候,我们常常会因身兼多职而感到茫然不知所措。

无论你是在家里办公,还是在办公室、零售场所、餐馆或工厂里工作,设定工作界限首先是为你想要的工作、生活建立基本规则。所有的工作环境都是不同的,所以你需要考虑最适合你工作的地方在哪里。你可能会考虑以下这些事情:

①你几点上班?这样做是对待家人的最好方式吗?换个工作是否对你和你的家人都有好处?

②你有午休时间吗?如果有的话,你是如何利用它的?你是在办公桌前吃饭呢,还是离开办公桌?你真正得到休息了吗?

③你经常加班吗?如果是经常加班,那么,你加班是出于经济需要呢,还是出于工作保障或是出于其他原因?你能和你的老板商谈如何合理地分配工作量,才更易于管理吗?

④某些人会对你的工作方式产生负面影响吗?你如何调整这些关系,使其不会造成负面影响?

在我的职业生涯初期,我没有足够勇气明确地给我的工作设定界限。我是个勤劳的人,不管别人对有我什么要求,我都会做这项工作。这就意味着我要夜以继日地检查并回复电子邮件。换句话说,即使我的工作量已超负荷,我也会承担更多的责任,永远不会对我的上司或客户说“不”。

最后,我意识到这不是一种健康的工作方式。虽然一开始设定健康的工作界限会令我不舒服,但我开始尝试坚持设定工作界限。我总是如实地完成我的工作。当我换了一份工作之后,我可以把我的工作带到任何一个地方去做,这样,我可以把注意力专注于照顾我的家庭。我会经常说“不”。

一旦你设定了健康的工作界限,技术就能帮助你维持这种界限。例如,当你在家的时候,尝试把你的手机放在安静的地方,或者放在桌子上,因为电子邮件的来信声音会分散你的注意力。在规定的作息时间内主动关灯,这样你就不会继续工作了。你还可以下载插件和网页浏览器扩展,以防止选定的网站(如社交媒体等)分散你的注意力。所有的这些都能帮助你在工作中分清界限。

清楚地表明看法

最近,我们的办公室进行了一次改造翻新,这次改造出现了一个大问题,因为除了增加一些新地毯和桌子以外,座次也发生了根本的变化。安排到办公室的人员增多了,团队也发生了根本的变化。起初,这个项目是由管理团队进行督导的,办公室里的其他人员感觉到室内光线昏暗。在听取了同事们对办公室改造变化的反馈后,我决定替本小组发言,并询问管理团队我是否可以加入工程队监督改造。我觉得我可以为我的同事辩护,并通过积极的方式帮助大家推进这个项目。

你可能有过类似的经历,为别人辩护,为确保积极的结果而努力。

然而，我们往往不愿意用同样的方式为自己辩护。你需要认识到是否存在绊脚石，这是非常重要的，因为公开谈论我们的最佳利益、工作负担、冲突等话题会创造一个更健康、更快乐的工作环境。

例如，在每周一次的公司例会上，我决定和我的上司谈谈我的工作量。我深深地吸了一口气，讲述了我在没有人帮助的情况下，一个人要完成的工作项目太多，我无法完成所有工作。我解释道："由于工作繁重，如果不能给予我充分的时间，我不可能及时地完成所有工作，这也不是我应该承担的责任。"在我客观地评估了手头的任务之后，我和我的上司开始讨论如何按照事情的轻重缓急安排工作，我们甚至还讨论把一些事情外包。开完那次会议之后，尽管在有限的时间里，我还有许许多多的事情要做，但我感觉越来越好，因为我敢于大声地说出我的困难之处。

这是一次艰难的谈话吗？是的，但这远比我想象的要好，因为我和我的上司建立了一种和谐、坦诚和友好的关系。她尊重我的想法，她不仅信任我是诚实的，而且也期望我这样做。当然，这不是一夜之间就能发生的事情。所有关系的建立都需要时间，即便是在工作场所也是如此。

当你需要解决冲突、应对挑战或变更工作范围的时候，不要害怕说出来。但是，当你选择这样做的时候，要做好充分的准备，特别是当你和你的上司见面的时候。做好准备可以减少谈话时的紧张情绪，有助于你与上司的面谈顺利进行，达到预期的目标。

给自己放个假

美国有一家做企业点评与职位搜索的职场社区,名叫 Glassdoor,他们在 2017 年开展了一项调查,调查结果显示,接受带薪休假的美国雇员平均每年只休息了所分配天数的一半(54%)。不休假的最大原因是恐惧,他们害怕自己的岗位被别人取代,并且假期之后会有太多的工作要做,等等。[8]

对于许多职场妈妈来说,他们的假期生活都会与家庭活动有关,既包括与家人度假之类的好事情,也包括孩子生病之类的烦心事情。真正休息才是最有效的办法。但是,如果你正好有假期,那么就尽量利用假期修身养性。因为上司知道合理的休息对雇员和工作人员都有好处。

我会毫不犹豫地请假,从不把任何有关工作的文件放在桌子上。每个月我都安排休息日,将我的办公信息设置为留言,然后,尽情地做自己的事情。我也尽量不看电子邮件,因为看电子邮件会扰乱我的假期安排。如果我不在岗的时候,也会查看电子邮件,我敢确定,就会有人抱着尝试的心态给我发工作邮件。我的上司经常会把她手机上的电子邮件系统关闭,这样她就可以在休假的时候全身心地享受愉快的假期了。

我发现请假会让我成为一个更好、更富有创造力的员工。当然,电子邮件会堆积如山,度假后上班的第一天、第二天可能会很忙,而我会加班加点完成这些工作,但请假总是值得的。

有时候,你可能需要延长假期或延长休假。两年前,我在博客上休息了一个月,这是我十年来第一次离开博客。我意识到,如果我继续更新博客,那么,我的工作、我的个人生活、我的未来会受到严重影响。最初,开始休息的时候,我会茫然不知所措。因为我习惯于早起工作,所以我会打开电脑,然后,不经意地翻阅脸书。

谢天谢地,就在那个星期六,来了一本新书。这是我在月初时读过的新书推荐的续集本。

我用整个早上把那本书读完了,这本书告诉我应该把博客之类的事情予以搁置。当我告诉我姐姐梅利莎(Melissa)那天早上我读完整本书时,她问:“你只爱你的生活吗,你还会再写博客吗?”回答是肯定的,虽然我还是希望以后会有所变化,但我会缩短最后期限。我之所以写作更多的是因为发自内心的喜欢,而小部分原因是履行合同。

有一次,一位朋友告诉我,她打算把写博客的时间腾出来去写一本书。我告诉她那种做法是愚蠢的。如果她不写博客的话,她怎么能推介那本书呢?我现在意识到我也是个傻瓜。我曾相信一个谎言:暂停写博客会毁灭你的博客生涯。事实是,休息是为了让我们利用时间去做自己最想做的事情,也可以使我们工作时变得更加积极。

我采访过一位加拿大的女性朋友,名叫凯莎·布莱尔(Keisa Blair),她是一位作者兼Aspire-Canada(一个网站)联合创始人,在她生下第二个孩子后成了寡妇。她丈夫去世后,凯莎悲痛伤心了几个月，她的哥哥建议她出国休假散心。因为家住在加拿大，她选择去牙买加。随着时间的流逝，她慢慢调整了心态，积极乐观地看待事情。凯莎说："从本质上讲，我因身兼多职而无暇顾及很多事情，为此，我很苦恼，休假可以让我按下生活的'暂停'键。我需要停顿得更长久一点，因为自己现在成了寡妇，我即将对自己的余生做出改变。是否还留在以前的家庭或留在原来的城市继续生活，或者改变我的职业等这些决定对单亲父母来说都是非常重要的。我认为停顿的时间必须与完成待办事情所需的时间相关。"[9]

我采访的另一名职业女性，名叫珍妮(Jenni)，是一家文学机构的独立承包人。多年来，她一直忙于繁重的工作，她决定要改变自己的工作节奏。她首先尝试着让自己远离工作，好好休息，比如周日不上网，周末不去办公室上班，然后，开始延长自己的休息时间，比如七月份请假，在感恩节和新年这段时间不做重要工作。她说：

> 有时候，我选择连续休假一段时间，我会计划和我丈夫一起带孩子们去意大利，住在托斯卡纳的一个小村庄里，或者我们每年七月会去山区的家庭小屋待上一个星期——那里没有 Wi-Fi(无线局域网)、没有通电，没有铺设任何有关生活设施的管道！其他时候，我会认真上班工作。虽然时间较少，但我会专注于年度评估、会计和制定年度工作目标等重要任务。无论选择哪种方式，我都不再为休假而吝啬，因

为我知道休假会对我的身心健康和工作效率产生积极的影响。我会提前制订计划，在休假时，将邮件设置为自动回复，并将注意力转移到其他重要的事情上。

珍妮接着说："我发现在安息日和休假期间参与实践会让我的头脑变得非常清楚，这种感觉让人难以置信。我已经知道如何才能平息思绪，不再让紧迫感恣意妄为。在我调整好思绪，释放压力之后，我就能听从自己的内心，做自己喜欢做的事情，让自己的事业蒸蒸日上，我也非常享受我的家庭生活，因为我已经提前做好了时间规划，腾出足够的时间和空间。"[10]

尽管你的工作不同于珍妮或凯莎的工作，不太可能有获得长假的机会。但我希望她们的经历能激励你对自己的生活状态进行反思，并抽出时间来改变自己的生活。

让工作时间弹性化，灵活安排工作日程

弹性工作时间提高了职场妈妈们的满意度，因为她们在保证自己工作的同时，能够更好地做自己想做的事情。研究表明，当职场妈妈有了弹性工作时间时，她们就能更好地驾驭工作、回归家庭并料理家务事。盖洛普（Gallup）在研究工作福利时指出，"弹性工作时间与员工的整体福利之间的关系最为密切。有大量弹性工作时间的员工的幸福感比弹性工作时间较少或没有弹性工作时间而主动离职的员工

的幸福感高44%”。[11]

对不同的职业女性而言,弹性工作时间会有所不同。这可能意味着每周你有一天在家工作,这样你就可以在孩子的学校做午间志愿者,或者可以把一天分成两部分,然后在下午4点参加足球训练。弹性工作时间也可以是你在一周内工作的时间,而不仅仅是某一天。也许你连续两天工作十二小时而不是连续三天工作八小时。对于一些职场妈妈来说,在周末制订下一周的工作计划可以使一周的工作变得轻松有序,还可以预留出一些可以灵活安排的时间。

在我当职场妈妈的这几年里,弹性工作时间对我来说是非常重要的。早上7点我已经在办公室工作了。这样,我可以早点离开去看孩子们的音乐节目。我有时候会在家里工作,这不仅为我节省了一小时的上下班时间,而且我还可以在午休时间洗衣服,接孩子放学,这些事情平时都是我丈夫在做。我在家工作时,受到的干扰远比在办公室里少,这就使我成为一名高效率的员工。

销售经理塞布丽娜(Sabrina)通过安排工作日程使得她的时间变得更灵活,这样,在女儿参加学校的兴趣活动时,她就可以工作了。她通过安排工作日程使她有更多的时间和女儿在一起。她说:“难道我想在周五晚上工作吗?完全不是这样,我宁愿在她不在家的时候安心工作,也不愿我们俩黏在一起。”[12]

劳拉·范德卡姆(Laura Vanderkam)在她撰写的《我知道她是如何做到的——成功的女性如何充分利用她们的时间》一书中,讲述了大多数参与研究的女性朋友们是如何运用各种办法来寻找弹性工作时间的：

①交替分次轮班。有些女性朋友会工作到下午 4 点。晚上再工作一个小时。通过合理分配时间,女性朋友们能够与家人一起做更多的事情。

②远程工作。有些人在家工作,而不是去办公室工作,这让她们有更多的时间来照顾家庭以及承担其他责任。

③168 小时的选择。这个选项包括在一周内可用的总时数,而不是 24 小时内的可用时数。有些女性朋友会选择长时间工作,但工作天数较少,然后,在“黄金时段”内更多地和家人在一起享受家庭生活。

④重新考虑周末。有些职场妈妈会在周末(只需要一小段时间)制订下一周的工作计划,这使她们对下一周的工作日程有充分的准备。[13]

一些公司比其他公司更支持弹性工作时间。当我的上司不给予员工弹性工作时间或在家办公的机会时,我发现,我所在的部门有很多优秀的同事都相继辞职了。几个月后,我与这些前同事交流工作时,我发现他们在新的职位有了更多的弹性时间,他们都对新的工作环境感到满意。其中一位前同事在加州的一家大型公司找到了一份可在家办公的工作。虽然她的上班时间并没有缩短,但当她的孩子需要她时,她就有充足的时间灵活安排工作日程,这就让她感觉到换工作是值得的。

我相信,如果上司不给予员工弹性工作时间或在家办公的机会,最终,他会发现很难雇用到最优秀的人才担任重要职位。如果你目前的工作不允许自主灵活地安排时间,但你觉得你需要弹性工作时间或在家办公的机会,你可以考虑寻找一份能为你提供更多弹性时间的工作。

培养团体感情

无论你是兼职还是全职,无论你在家还是只身在外,你在工作中都需要获得团队支持。你可以和谁谈论你的家庭和生活?当你的健康出现问题的时候,你能去找谁?你能信任谁?

我永远不会忘记我第一次离开开启我职业生涯的地方,重新投入新工作之后,我有多么孤独。晚上,我会对我丈夫哭诉:"我只想有人认识我。"这需要时间,最终我结交了朋友。我觉得内心是安全的,我值得被人信任。但我发现我和同事们一样,还想要获得更多。

所以,我开始每四至六周安排一次星期五聚餐活动。美食总是能够把人们聚集在一起,特别是涉及人们喜欢制作和分享的美食时,美食能发挥出至关重要的作用。美食能使办公室变得更加温暖、更加有趣。通过分享美食,人们感受到了爱与祝福,这有利于加深同事之间的友谊与信任,也有助于提升我们团队成员的士气。

团队是上帝赐予我们的一件美丽的礼物,值得我们在工作中寻找。它可以让你的日子变得更加快乐,让你的工作经验变得更丰富。

团队成员会影响你的工作氛围和你对工作的感觉。如果你能在工作中找到属于你的圈子，它会为你提供必要的支持，让你在工作中不断成长。

团队通常不会瞬间产生，需要你走出舒适区才能找到它。思考一下如何在工作场所建立友谊，增强团队的凝聚力，你可以通过一起做项目、一起吃午餐、一起参加业余活动或者在茶水间闲聊等方式来实现。你们的话题可以是同事对你工作的评价或者你对工作本身的看法。这些都会对工作产生积极的影响。

如果你在工作中很难找到适合自己的圈子，那么，请考虑一下其他可以获得支持的方法。当地的网络组织可能会为你介绍志同道合的个人，并为你提供建立友谊所需的专业渠道。

充分利用提高效率的方法

如果你因身兼多职而应接不暇，你需要利用一些提高效率的方法，因为你当前需要完成的工作量比以往任何时候都要多。以下是一些提高效率的方法，有助于你充分利用工作时间：

①列清单。当你记录你需要完成的任务时，你更有可能完成这些任务。许多专业人士发现，在周五下午或周一上午列出一周的待办事项是有益的。这份清单有助于她们了解本周的工作计划，确保她们提高工作效率。

②关闭电子邮件收信系统。电子邮件真的能够扰乱正常生活，让

人分心。所以,请关闭 Outlook(微软推出的个人电子邮箱)或关闭 Gmail 邮箱的选项卡。然后,你能够专注于之前的任务,而不会被那种烦人的叮叮声所左右。根据你的工作环境,你需要向你的同事说明,你的电子邮件系统不会全天开放,但你会定期查看邮件。你让他们有事情可以电话联系,如果他们有急事需要立即联系你,可使用办公室的短信服务。虽然一开始关闭电子邮件系统,你可能会不太习惯,但它能够提高你的工作效率,并让你更及时地完成工作。你会发现你更加专注于手上的工作。

③为特定项目安排时间。在某些职业中,工作日程表里常常包含许多的会议,你几乎没有时间去做你需要做的工作。在你的日程表上备注项目的截止时间,这样你就不会让更多的会议占用你的工作时间,确保你能按时完成工作。

④非现场工作。关于这一点,我们可以回到弹性时间的话题。很多时候,如果你不在办公室里办公,你能更好地专注于项目,很少会分心。你会发现你的工作效率比你在办公室里办公要高。盖洛普的一项研究数据表明,“非现场工作的员工在其工作岗位上记录的办公时间比现场工作的同事所记录的时间多”。[14]

⑤工作交流。在可能的情况下,不要来回发送电子邮件,你可以直接走到同事的办公室进行工作交流,或者使用 Skype for Business 或 Sack(一款网络即时语音沟通的手机软件)等聊天工具来讨论项目问题。工作交流可省去来回发送电子邮件所引起的麻烦,并且可节约时

间,迅速交代所需处理的事情。这并不意味着你就可以坐下来,长时间地和同事谈论你最喜欢的电视节目,因为这不利于节省工作交流的时间。

⑥利用工具。当你管理一个团队时,管理技术是非常有用的,特别是一些搜索查找类工具,如用于追踪截止日期的 Trello 技术工具;用于社交媒体管理的 Hootsuite、Sprinklr 或 Buffer 技术工具;用于文件管理的 Dropbox 或 GoogleDrive 的技术工具。这些工具和系统可确保你不会浪费时间研究文件,为你减轻繁重的工作负担,不必密切跟踪同事们负责的项目。

⑦外包任务。你不必揽下所有重任。如果这些任务具有非凡的意义,考虑将其委托给其他同事或自由职业者,你只需要完成只有你才能完成的任务,这样做事情才会更有效率。你也应该多给予别人机会,或让他们运用所掌握的技能做一些工作来促进他们成长。

⑧设定会议时间限制。在整个工作日中,会议通常会占据大部分时间。会议要准时开始,一旦开始会议就不允许闲聊。给会议设定时限,并坚决执行。如有必要,请使用计时器。刚开始使用计时器,员工们可能会觉得这种办法很可笑,但你会惊讶地发现,给会议设定时限有助于团队保持高度的注意力。当你和你的团队能更好地控制会议时间的时候,你可以考虑把会议时间缩短 25%。如果每个人都能保持高度的注意力,那么可以把长时间的会议缩短在 45 分钟内完成。

享受出差

并不是所有的职业都需要出差，但是如果你需要出差，请把它看作是一件好事。（如果你不出差，请跳过这一环节。）我曾经和许多职场妈妈们交流过，她们抱怨压力很大，很难过，或者因为出差而感到内疚。做好准备接受这个机会，不要因为出差而心烦，出差可以为你的生活带来许多变化。

虽然我不能为你提供一份关于出差准备的详尽清单，因为这需要视情况而定，但是大多数人都认为出差会给自己带来许多好处。以下是给职场妈妈们提供的关于出差可享受到的最佳福利清单：

①赶工。出差为你提供了一个很好的机会，你可以在你的收件箱里查收邮件，列出待办项目的清单，或者简单地处理那些你有时间才能完成的待办事项。你可以利用等待飞机的时间或在酒店休息的时间集中完成这些任务。这样做可以减轻工作压力，按时下班。

②独自享受美好时光。对你来说，出差是一个可以让你长时间独处并且不被打搅的好机会。我在出差的时候，会尽情享受这段美好时光，利用这段时间来陶冶情操。我会预订客房服务，尽情享受阅读和写作的乐趣，让我的身心得到放松。不要认为你在出差，就必须马不停蹄地工作。相反，你要认识到，出差是一种能让你远离日常责任，并且重新焕发活力的一种方式。

③去参观这座新城市。如果此次出差任务是让你去一个你从未

去过的地方，请你抽出时间去享受并探索这座城市的魅力。例如，当我必须去波士顿开会的时候，我会休息半天，这样，我就可以在前天晚上乘飞机去观光了。这是我第一次来到这座城市，我不会错过任何机会去参观这座城市。是的，这就意味着我必须比预计时间早一点离开我的家人，由于我必须要外出出差，对我而言，做出这种决定是再简单不过的事情。我的丈夫总是鼓励我延长出差的时间，因为他知道出差会给我带来许多快乐，也会对我们的家庭产生积极影响。如果你没有时间提前计划城市观光的路线，GPSmyCity（一款应用程序）会为你提供各种徒步旅游的建议，并为你提供参观该地区的所有攻略。

④选择一种新的方式与你的孩子联系。与其把出差看作是一种压力，还不如把它看作是以一种新的方式去爱孩子的机会。例如，杰西卡（Jessica）是一名会议策划者，同时也是两个孩子的妈妈，她带着儿子的乐高玩具模型去出差。然后，她会在她所在的城市拍照纪念。这些照片已经成为她和她儿子联系的一个绝妙的方式。出差能让你的孩子挂念你，你也会思念他们，这使得团聚更甜蜜。正如一句老话所说，“久别情更深”。

⑤为孩子提供与他人相处的机会。如果你要外出出差，在你不在的时候，你的孩子会和父亲或者是照顾他们生活的其他人在一起。我不在的时候，我丈夫经常会给孩子们做一顿特别丰盛的晚餐或陪他们看电影，度过一个难忘的夜晚。当我们两个人都必须外出工作的时候，我妈妈从外省赶过来照顾孩子们，他们开心得甚至不想让我们回

家了！

工作让你成为更好的妈妈

你在工作中的情绪会直接影响到你在家里的情绪。

一个星期六，我花了一整天的时间在我的办公室里准备一个大型的写作项目。下班之后，我去了山姆俱乐部，然后回到家里又花了一个小时把所有的东西都收拾干净，再去做晚饭。当我做完家务活儿，可以躺在沙发上休息时，我的儿子伊莱亚斯说的一句话却激怒了我。我丈夫看着我说："我知道你工作一天已经很累了，但别拿他出气好吗？"他说得对。我向伊莱亚斯道歉，把他抱进我的怀里。我不想做一位喜怒无常的妈妈。

第二天，我又在办公室里工作了一段时间，但当我下班回家的时候，我的角色就发生了变化，我回家后就是孩子们的妈妈了。在开车回家的路上，我在大脑里开始为接下来要做的事情做出安排，此刻，我不再想工作了。我把注意力转向我在家里应该做什么事情以及我的孩子们需要我做什么事情。没有人会认为这些想法有多么深奥或者多么高尚，但它们足以让我改变对待家人的态度，变得更加友善和更加关爱。当我踏进家门的那一刻，我把手机设置为静音状态，并把它放在大厅的桌子上。那天晚上，我和我的大儿子下棋，和我的女儿一起绘画染色，和她一起分享我那些微不足道的经历。我上床睡觉时对我这一天做的事情非常满意。我既在工作中实现了目标，又和家人一起度过了美好的时光。

如果你认为做一名职场妈妈会带来许多好处，你采取的策略会促使你在工作中大获成功，这些都是值得庆贺的，那么，你的家庭生活状况也会有所改善。这种深思熟虑的决定能够促使你成为一名更优秀的员工、一个身心更健康的人、一位更仁慈的家长和一位更称职的伴侣。所以，为了每天的幸福生活，大胆地做出选择。

06

婚姻，是需要经营一辈子的事业

Stretched Too Thin

有了孩子之后，夫妻关系也在发生着微妙的变化……

对爱人的关注少了，家庭冲突和矛盾多了。

孩子仿佛成了婚姻的“第三者”。

如果你正经历这样一个阶段，

请为另一半腾出一些时间，

专注彼此，用心交流，好好爱你的伴侣。

我首先申明，我知道这一章并不适合每个人。如果你是单亲妈妈，我非常尊敬你，你所承担的责任和面临的压力是常人难以想象的。我希望你能从这本书的其他章节中找到你认为有价值的内容。

不过，我觉得在婚姻问题上增加一个章节是非常重要的，因为我在调查中发现，有三分之二的母亲认为，对她们而言，为另一半腾出时间来经营婚姻是一个挑战。以下是其中的一些评论摘录：

“我和丈夫的工作都很忙、很累，以至于我们‘忘记’了关注彼此。”

“丈夫和我都在工作，这让我觉得我们好像过着单身生活，和大多数人一样，我们觉得为了经营婚姻而努力腾出时间是一件困难的事情，彼此之间的沟通也成了一种挑战。”

“在我工作了一整天之后，我下班回家还要做饭、打扫卫生，料理完孩子们的事情之后，我已经精疲力尽，也没有时间和精力和我的丈夫交流了。我知道我对他有亏欠，但我仍然没有想出一个有效的方法来解决问题。”

“我觉得我好像成了丈夫的室友。我爱我的丈夫，并且很崇拜他，但在照顾完孩子之后，我已经没有多余的精力了。我非常想念他，但我觉得我好像什么也给不了他。”

我和我丈夫都发现我们很难抽出时间来畅谈除工作和孩子以外的话题。

以上这些评论会让你产生共鸣吗？对我来说，其中很大一部分是真实的感受。对我们的家人来说，正常的工作日是这样度过的：我和我的丈夫通常都会早醒，马修看新闻，我通常会花一个多小时写作。孩子们6点前都起床了，我们会把注意力转向列出今日待办事项，让每个人把今天要做的每件事都准备好。马修7:35送孩子们去上学，我通常在8点左右去上班，他在下午4:30接孩子放学回家，然后开始做晚餐，我5:30下班回家。晚上，我们全家就会聚在一起吃晚饭、做作业、洗澡、读故事、玩游戏，然后准备睡觉。如果孩子们都在8:00前上床睡觉，那么，这是一个多么美妙的夜晚。但通常情况下，孩子们是在8:15或8:20上床睡觉，在那一刻，我觉得自己快要崩溃了。通常情况下，我会花一点时间来做清洁或把洗好的衣服收起来，然后在睡觉前看看书。如果我没有困意的话，有时候，马修会和我待在一起。但通常情况下，我们都太累了，所以，我们经常需要自己做点事情来缓解一天的工作压力。

作为一名职场妈妈，有太多的变数让你感到为难，而且这些变数超出了你作为母亲和同事的角色。做一位有爱心、有耐心的已婚妇女，我们真正需要拥有一份工作。有时候，婚姻遭遇瓶颈会比经营婚姻容易得多。但是我知道，我需要我的丈夫，他不仅帮我分担了家务，也承担了照顾孩子的责任。我需要他的爱，需要我们之间的感情以及对彼此的关注，当我们的关系和谐发展时，我生活中的其他方面也会变得顺风顺水。

在这十四年的婚姻中，我和马修经历了一段低谷时期，我们俩互为彼此最强有力的支持者。在我工作最繁忙的那一段时间，他为支持我的事业做出了牺牲；而在他工作最忙碌的时候，我也为了支持他的事业做出让步。例如，当我撰写第一本书《边缘时刻：为你腾出时间》时，我在周末完成了大部分的写作任务，而马修则承担了大部分的家务活儿和育儿责任。在写这本书的时候也是如此。当马修有机会在一家大型媒体公司进行一个月的写作和摄影时，我毫不犹豫地支持他的事业。这样过日子会很艰难吗？答案是肯定的，但这种生活也是对我们个人以及我们事业的一种犒劳。在我们的婚姻旅程中，我们有机会为彼此的成功而欢呼雀跃，这是我们生活的一大乐趣。

然而，除了我们支持对方的事业的那段时间之外，我们也曾有过意见不一致、婚姻出现问题的时候。在那段时间里，我们必须更加努力地承担责任，体谅对方以保持沟通和亲密感。我不是指性爱方面的亲密关系，亲密不仅仅是身体接触方面。下面列举的亲密关系类型显示了夫妻之间有哪些沟通方式：

性亲密	分享激情和身体快感
情感亲密	相互调节彼此的情感波长使其保持一致
智力亲密	精神世界中的亲密
审美亲密	分享美的体验

（续表）

创造性亲密	共同创造的行为分享
娱乐亲密	有关乐趣与玩耍的体验
工作亲密	共同分担任务的亲密
危机亲密	在解决问题与减轻痛苦时的亲密
冲突亲密	应对差异并与之抗衡
承诺亲密	共同的自我利益
精神亲密	宗教表达的统一
交际亲密	相互理解和肯定
道德亲密	就正确的观点达成共识[1]

在这些领域中,你和你的丈夫之间有哪些其他经历属于亲密关系？哪些类型的亲密关系经常发生,哪些类型可以花时间进行培养？对你来说,哪些类型的亲密关系是陌生的？当有人把这份亲密关系类型介绍给我时,我立刻被“工作亲密”所打动,我意识到分担工作对我来说是多么重要。例如,在我们家,大部分衣服都是由我来洗的。但就在上周的一天,我下班回到家看到马修在我上班工作的那段时间把床单整理好了。这个简单的行为让我感到很高兴,这种高兴劲儿让我措手不及。我和临床性科学家克里斯蒂·奥弗斯特里特(Kristie Overstreet)博士分享了我的经历和快乐,他对我的反应表示肯定,他说:

"这难道不是你所说的快乐经历吗,'哦,太棒了!'然后,即使他是下意识地去做了这件事情,下一次他需要你帮忙,或者问你是否需要帮忙,你正好能做这件事。你就会想,'好吧,嘿,他帮我做过这件事情,所以我也帮他做事情'。这就是你们合作的方式,并且你们能真正地帮助彼此满足需求。"[2]

那一堆简单折叠的床单就是我们需要分享亲密关系的一个典型案例。最终,所有不同类型的亲密关系对于我们构建和谐关系,增进我们彼此之间的柔情和情感会发挥重要作用。尽量顾及所有人,反思自身的不足之处,并在这些方面努力改进,有利于巩固我们之间的关系。

对于在职场工作的父母来说,他们都可能因身兼多职而困扰,这种困扰将导致你们的夫妻关系日渐疏远。在许多家庭,父母双方都有工作。劳工统计局的数据显示,"在 2015 年,在育有孩子的家庭中,89.3%的家庭至少有一位监护人(父亲或母亲)在职场打拼。在育有孩子的已婚夫妇家庭中,96.7%的家庭至少有一位监护人(父亲或母亲)在职场打拼;在 60.6%的已婚夫妇家庭中,父母双方都有工作"。[3]如果你属于最后一类,觉得你的婚姻不够和谐,那么请考虑以下建议,这些建议有助于增进彼此之间的感情。这些都是我们本应该知道的内容,但我还是要提醒大家反思并改善夫妻的日常关系。

良好的沟通

2003 年,我和我的丈夫马修通过"美国在线"即时通信工具(现在已不复存在了）相识。是的，在那之前，我们是在互联网上认识的。他是基督教音乐杂志 *CCM* 的编辑，我当时是威斯康星大学麦迪逊分校的一名大三学生，并计划在纳什维尔一家主要的基督教唱片公司实习。我是在宿舍里翻阅一本杂志时了解到这个行业的。

和其他编辑一样，马修每月会在《编辑来信》专栏发表一篇文章，并附上一个“美国在线”即时通信的名称。读完他的文章后，我把“CCM 编辑”添加到了我的“美国在线”好友名单中，我也不知道将他添加为好友会改变我的生活。

一天晚上，我看到马修在线上，我就立刻给他发了短信，向他咨询有关音乐行业和杂志的情况。这里所指的“立刻”没有双关语的意思，我们的默契程度与我们之前遇到过的人完全不同，就在那一周，他给了我他的电话号码，我们开始打电话。在接下来的五个月里，我们每天都会煲电话粥，一打电话就是好几个小时。在脸书时代到来之前，甚至那时候还没有普及 Skype 聊天工具（我们也没有在各自电脑上安装摄像头），我们只凭借彼此的言语来了解对方。

在这几个月里，我们了解了彼此的生活经历。在那漫长的黑夜里，我们在电话里分享了一切，包括我们的家族史、我们的工作、我们的梦想、我们最喜欢的事情。我们在电话里谈笑风生，我们花了好几个小时才真正了解彼此。我们在电话里所分享的一切都为我们最终的见面奠定了坚实的基础，见面那一瞬间，我们已经坠入爱河。

是的，我们的故事很像电影《电子情书》里的桥段，在某种程度上讲，雷同于电影里的故事情节。从一开始，我和马修就有一种莫名的心电感应，我们花了很长时间才真正了解彼此，这就增进了我们之间的感情。

我们的爱情故事为我们构建和谐的关系发挥了巨大的作用，所以，花时间去了解一个人是非常重要的。通常情况下，如果一对夫妇没有了亲密关系，那么，问题可能和他们的需求有关。临床主任比尔·洛基（Bill Lokey）在现场研讨会上把该问题称为“心的连接”。他建议夫妻们花点时间消除干扰，他们只需要坐下来一起聊天，让他们以一种有意义的方式重新建立彼此之间的联系。他和我分享了一些有关他鼓励夫妻重新建立联系的方式：

①分享一天中的喜悦和忧愁。敞开心扉谈谈你在这一天中最开心的时刻和最烦恼的事情，这或许是一个能够获得鼓励和被爱的机会。这也可能成为你开诚布公地谈论事情的机会。

②一起阅读。选择一本你们共同喜欢的书籍，以相互读给对方听的方式结束当天的生活。就像绘声绘色地为你的孩子读书一样，你也应该富有感情地为你的另一半读书。不要沉迷于这本书的体裁——只要有足够的吸引力就够了。通过大声朗读的方式来渲染氛围能够为构建和谐的夫妻关系铺平道路。

职场妈妈安娜（Anna）分享了她与她的丈夫在度假时共同阅读的经历。

我们不在一起的时候，他会在睡觉前大声朗读。在脑海中分享文字和故事的那种亲密关系是非常特别的一种体验，看着别人说话，听到他的声音，甚至感觉他们的呼吸，这些行为往往都不会出于本能。当他读书给你听的时候，你会情不自禁地看着他的嘴和舌头随着话语的流出不停地在移动，他的面部表情会发生变化，皮肤上的细纹也变得若隐若现，脸颊、下巴和眉毛肌肉也会随着表情变化收紧、伸展和放松。当你听他讲故事的时候，你会真实地听到他们的声音，当他重新呼吸的时候，你会听到他的吸气声，随后又从他的鼻子里快速地吸一口气。如果你离他足够近，你可能会感觉到他呼出的热气萦绕在你的耳朵、脖子或脸周围。躺在床上，我闻到了我丈夫说话时呼出的牙膏气味，在这样一个亲密的时刻，即使闻到的是淡淡的大蒜和酒精气味，也会令人陶醉于此。当你听到他的心脏有规律地搏动时，你的呼吸声将与他同步，因为他需要通过换气来阅读每一个单词。对我而言，此刻，我企图把我的手放在他的胸部感受着他的心脏上下搏动，伴随着吸气和呼气，读出每一个单词、情节和整个章节。[4]

③玩棋盘游戏。棋盘游戏是一种简单而有效的联系方式。我和马修刚结婚时，我们经常玩拼字游戏。但是，随着我们事业的发展，孩子们一个一个地出世，我们只能把棋盘搁置在壁橱的顶部。最近，我

们又开始一起玩这种游戏了，玩游戏是一种简单有效的方法，有助于我们在晚上关掉通信设备，相互沟通，构建和谐的夫妻关系。

④相互提问。首先向对方提出一个问题。然后，环环相扣的问题促使对方敞开心扉分享内心故事。虽然，起初看起来可能会觉得很傻，但它们却能很好地提醒人们建立和谐的关系。如下列举了几个询问对方的问题：

你童年时最喜欢的记忆是什么？

你对你妈妈有什么记忆？

你最喜欢什么游戏？为什么？

你一生中最尴尬的经历是什么？

你一生中最敬佩的是谁，为什么要钦佩这个人？

⑤以祈祷的方式结束一天。另外一种建立和谐关系的方式是一起做祈祷。把你们的祈祷和请愿以联姻的方式呈现给上帝，有助于你们构建更亲密的关系。[5]

与你的伴侣心平气和地沟通是维持和谐关系的关键。你必须温柔地、开诚布公地告诉对方你在生活中所发生的事情，你需要获得哪些帮助以及你的内心感受是怎样的。别指望你的伴侣会读心术。我和马修每一次面红耳赤地争吵都是因缺乏沟通所致。争吵之后，我们其中的一个人会感到非常沮丧，简直快要崩溃了。回顾那些争吵的时候，如果我们其中一个人能妥协，并且心平气和地指出问题，那么，大多数时候，我们是可以避免愤怒和挫折感的。

主动交流与倾听

倾听与交流紧密相连。当你的伴侣真正注意到你的时候，主动交流或倾听，确保对方能听到你的倾诉，只要不带任何消极的情绪，你们的关系就会有所改善。

你们要面对面地进行交谈，并且要直视对方的眼睛。如果我不确定我的丈夫是否在倾听我说话，我会说："你能不能看着我，让我知道你在听我说话？"这有助于我们双方积极地交流和倾诉。如果这次谈话不能在同一个房间进行，或者我们中的一个人正在做事情，比如正在照看孩子或者正在做饭，那么，我们中的一个人通常会走到同一个房间站在另一个人的身边继续交谈，这样可以保证我们不会错过任何事情，我们的交谈得到了应有的重视。

另外，不要在倾听的过程中思考你应该如何回答，也不要因为问题或回应中断谈话。相反，集中精力认真倾听你的伴侣说话，等他说完了，你可以将你的看法告诉对方。这对我来说可能会很难，因为我的大脑经常会马上想到问题或解决办法。但我意识到，如果我插话，马修可能会觉得我没有认真地听他说话。这种做法会让马修愤怒，让他感觉很沮丧，这样会导致婚姻危机。提问也可能导致话题转移，使之与倾诉者的意图不同，所以要谨慎对待问题，以防转移话题或跑题。

同时，你一定要用心倾听对方。如果某一次的谈话很难顺利进行，请克制情绪，切忌冲动。相反，如果你耐心地倾听对方倾诉，谦卑地做出回应，你的伴侣也会以同样的方式尊重你。

相信你的伴侣

当我们谈论信任与婚姻的关系时，往往涉及性忠诚度。但信任远不止这些，要对你伴侣所说的一切表示信任。

当我的丈夫说，“我希望你能和你的朋友出去约会”，我必须相信他说的是真心话。然而，怀疑总是喜欢从中作祟，我会质疑他所说的话——他是真的想让我去约会吗？他能处理好家务事吗？他是不是讨厌我的日程安排了？——事实上，我不应该质疑他说的话。不要让你的那些不靠谱的想法影响你对你伴侣的信任，请相信他说的话。

你还要相信，当出现分歧的时候，你的伴侣不会拒绝你或抛弃你。你的伴侣是你最亲密的朋友和知己。他想把最好的东西都给你，就像你为他付出一切那样。不要让恐惧阻碍自己表达内心的真实感受和欲望。有时会发生分歧，并且肯定会存在分歧，但你必须坚信没有任何分歧会破坏你们的婚姻，婚姻让你觉得有安全感，你相信你们的关系坚不可摧。当你们彼此互相依靠，深信对方时，你们就会变得更加脆弱和坦诚。

共度美好时光

当我们的日程变得繁忙时，我们首先想到的往往是牺牲与我们最爱的人在一起的美好时光。如果这种事情是偶然情况，那也没关系，但你不能把它变成惯例。唐·斯托基（Dawn Sturkey）律师与我分享了一则智慧：“别让例行公事主宰你的生活。”[6]我们通常会考虑与家庭或工作有关的例行公事或安排，但在婚姻问题上遵循同样的原则是百益无害的。你希望你和伴侣在日常生活中既能保持亲密关系，也能共度美好时光。

与伴侣共度美好时光是件很困难的事情。尤其是你们夫妻两人都要工作，同时还要承担照顾孩子的责任时，情况更是如此。但我们必须要为美好时光而努力。唐向咨询她的许多夫妇建议，周日晚上通常是共度美好时光的夜晚。大多数人星期天不用上班，孩子们通常比周五或周六晚上睡得更早。[7]“属于我们的时间”这项计划听起来似乎不浪漫，但事实证明，在我的婚姻中，拥有这段时间对我来说是非常有意义的，周日晚上的时间绝对属于我们。孩子们知道，妈妈和爸爸要在周日晚上一起看一场节目，所以，就寝时间一到，他们立马上床睡觉。我们关灯后，相互依偎在沙发上，尽情享受安静和彼此在一起的感觉。

我和马修约定每隔一段时间，要外出享受我们的约会之夜。有些夫妻也会计划一个约会之夜,他们会提前几个月预订保姆。我在上高中的时候,会帮助一位老师和她的伴侣每月照看一次孩子。那时候,我根本没有意识到我在成年以后会将这种简单、传统的办法继续发扬光大。虽然他们忙于照顾双胞胎,但他们仍然决定把外出约会,共度美好时光作为首要任务。

如果我知道繁忙的工作计划即将来临,我会经常去买演出的门票,以确保我和马修晚上能外出约会(我们住在纳什维尔,我们有许多机会观看现场音乐会和即兴表演)。尽管有时候时间会有冲突,但我们从不后悔这种一对一的单独约会。就在我们的女儿阿德琳出生之前,我们去了当地的交响乐团观看艾黛娜·门泽尔(Idina Menzel)主演的著名音乐剧《吉屋出租》和《冰雪奇缘》,让我难以置信的是,就在那晚我感觉自己快要生产了,尽管我们周围的观众都很紧张,谢天谢地,我当时没有分娩!在我们成为一个四口之家之前,那天晚上的外出约会对我们来说是一次非常特别的回忆。

当你和伴侣在一起的时候,尽量不要谈论孩子。相反,你们应该专注于彼此、梦想、希望和目标。对彼此说充满爱意的话,牵着手,享受美好时光,你们需要尽量地抽出时间在一起。

肌肤之亲

我们花了大量的时间来说明良好的沟通以及和谐的夫妻关系的

重要性，这就为我们的肌肤之亲奠定了良好的基础。性是和谐关系的重要组成部分。比尔·洛基说，当我们在情感上发生联系时，身体出现觉醒的可能性较大。[8]我的丈夫曾多次对我说，当他看到我对着观众演讲，在驾驶室里谈论一个话题时，没有什么比这些更性感。“当我们做任何事情时，我们的伴侣都是最具吸引力的”。我的意思不是指在我们说完话之后，我们就做爱了。但是，做最真实的自己，并依附于我们的呼唤，这种极具吸引力的想法肯定能鼓舞人心，难道不是吗？

为肌肤之亲腾出时间。我听说，虽然性不是婚姻关系中最重要的部分，但如果不存在性关系，它很快就会成为婚姻关系中的重大问题。不要因为疲惫或工作忙碌而长时间地回避性亲密，肌肤之亲会促进你们紧密地联系在一起，这就是它发挥重要作用的原因。

同时，你需要了解你的身体需求，并和你的丈夫分享它。是的，这个话题可能会让人觉得尴尬，但是和你的伴侣分享能为你带来快乐，同时，也会促使身体和情感方面的亲密关系变得更好、更深邃。

表现出善良和礼貌

有时候，我们和最亲近的人在一起，会放松举止。我可以友善地对待客户和同事，然而，我会和我的丈夫作对，这太可怕了！这是不言而喻的，但你要注意对待伴侣的方式，努力做到有爱心、善良和礼貌。诸如“请”和“谢谢”这样的礼貌用语，需要你经常刻意地使用。正如谚语所说:“恩慈的话好像蜂巢中的蜂蜜,使人心里甘甜,骨头健壮。”

你对待伴侣的方式会直接影响家庭成员之间的互动,以及你和其他人的交往方式。记住,你要为你的孩子树立好榜样,你要意识到你现在对待伴侣的方式会直接影响到他们在将来的某一天对待其伴侣的方式。

你需要在家里随意地做点善事,为你的伴侣准备一些写有肯定话语的便条。在发短信和电子邮件成为常态的时代,手写卡片或便条成了一种简单表示关心的方式。我在一小堆明信片的背面写上了“我爱你”三个字,并且定期将背面写有“我爱你”字样的明信片放进我丈夫的笔记本电脑里。当他打开电脑开始一天的工作时,这张便条对他来说简直就是一个惊喜。善良的人总会有人欣赏,我们最爱的人应该很容易体会到善意。

向你的伴侣寻求帮助

我们首先来回顾上一章提到的良好的沟通,这一章内容值得我们重温一遍。如果你需要帮助,请向你的伴侣寻求帮助,有时候,你可能需要重复你的请求或者改变你的期望,但如果这不是第一次寻求帮助的话,这些可能都不会发生。你的伴侣不是一个善于读心的人。弱弱地说一句,“我需要××的帮助”,允许你的伴侣参与其中,通过表达自己的需求来增强你的实力。与其因承担太多责任或降低期望值而不知所措,还不如寻求别人的帮助。

多年来，我已总结出经验，我们所经历的大多数挫折和怨恨来源于我们自己没有大胆表述出我们的需求。当我直截了当地说出我的需求时，我的丈夫就会立即行动参与其中，或者帮助我找到解决问题的办法。

在写这本书的初期，我们谈到了女性所承受的心理负担。虽然有时候和你的伴侣进行交流会很困难，而且在家里你还无法获得他的帮助，但你还是要将大部分精神负担如实地告诉你的伴侣。

例如，有一段时间我的工作非常忙碌，我不得不加班，我发现自己没有时间洗衣服。我丈夫虽然擅长许多事情，但却不会洗衣服。所以，当我强烈要求我需要获得帮助之后，我们决定在我工作忙碌的时候，雇佣一位钟点工到家里帮忙洗衣服。

寻求帮助会让我们感到自己很无能，但我们必须承认我们不可能做所有的事情。（这种想法很正常，也很实际，因为没有人能做到一切）这种想法有时也会引起误会，这就是女性朋友们往往一开始就回避问题的原因。在婚姻关系中，如果你认为你的做法得当，不要害怕对峙的局面会阻碍你指出问题的症结。即便交流很困难，也会给生活带来积极的变化。

克服怨恨

怨恨不会一夜之间发生，它通常是一个慢慢积累的过程。我们所感受到的怨恨往往是由另一种情绪引起的。当克里斯蒂·奥弗斯特里特博士对夫妇们进行治疗时,她经常让夫妇们做与怨恨有关的家庭作业,她说:“怨恨就是内心的愤怒。”她通常会让夫妇们列举三种主要类型的怨恨,并指出“一想到我们可能存在的愤怒和怨恨,就会让我们难以抗拒”。当我们把这些愤怒和怨恨分开的时候,他们会发现其数量可能没有想象的那么多。将它们分离出来,可以帮助他们了解哪些是他们急需处理的问题。参照以下的怨恨类型对自己进行评估,看看你有哪些怨恨?如果有的话,说明你将它们隐藏起来尚未表露,你需要怎么做才能克服它们?

①怨恨自我。想想内心的怨恨,比如愤怒、挫折、攀比(我在前面的章节已提及这些不良情绪)。

②怨恨伴侣。对你隐藏在心里的消极情绪进行反思,这些情绪很可能源于你的伴侣。这些情绪可能与特定的习惯、事件、财务或其他因素有关。

③普通怨恨。思考一下你是否在其他方面感到不满,比如工作或朋友之间的矛盾等。

克里斯蒂分享道:“一旦夫妇们能够找到他们怨恨的根源,他们就可以努力地解决这些问题。”[9]

不要指责

指责只会激起怨恨和挫折感,对自己造成伤害。与其指责你的伴侣,不如考虑一下你在特定情况下所扮演的角色。试问自己,“我怎么才能让这件事变得更好呢,我需要做出什么改变?”这种内省的实践会很有启发性,并且会改变你的心境和当前的处境。通常情况下,当你发现自己的不足并为之做出改变时,这样做有助于推动形势向前发展。不要害怕开诚布公地分享你的感受和做出的努力,因为这样你和你的伴侣才能和谐相处,婚姻关系才会更加牢固。

学会宽恕

在你们的婚姻关系中,你最应该尽力而为的事情就是要经常并快速地学习宽恕。你越早原谅对方,你们夫妻俩就越快乐。真诚地宽恕对方,你才不会被愤怒、嫉妒、挫折和痛苦所束缚。心怀不良情绪只会毁掉自己的健康以及婚姻。宽恕并不是指你宽恕了一种行为,你可以而且仍然应该分享一些心得体会:在你前行的过程中,你感知到了什么,以及你经历了怎样的伤害?

我和马修结婚的时候写下了婚姻宣誓词。我曾经发誓,我们永远不会带着怨气上床睡觉。没有获得宽恕,就不能睡觉,这样我们彼此都会觉得更快乐。那时,我根本没有意识到这些誓词会对我们未来几年的婚姻产生积极、深远的影响。如果你从来没有对你的伴侣做出过此类承诺,那么,我建议你现在立刻去做。

慷慨相待

结束了一天的工作后,你和你的伴侣会更爱家人,恋对方。当有误会发生时请慷慨对待彼此。有时候事情的结果并非你所想的那样。我向马修道歉的次数多得数也数不清,他也屡次原谅我。这就是你能赠给伴侣最漂亮的一件礼物。婚姻关系需要彼此以诚相待,这绝非一件容易的事情,但所有的辛苦付出只为美好、幸福生活的到来。

我永远不会忘记我刚结婚的时候,我和一个同事一起外出旅行。她结婚大约10年了,在吃晚餐的时候,她与我分享了她的经历,结婚10年后,她的许多朋友都离婚了,这让她感到非常吃惊!她说:“你再等等看吧,你也会看到同样的事情发生。”如今,我和马修结婚14年了,最近我看到我们的很多朋友都离婚了,这令我很心碎。我和另一位同事也在讨论当前的离婚趋势,这位同事已经结婚25年了,她说:“等你的孩子长大了,你会发现离婚人士会更多。我最近参加了一个聚会,在参加聚会的女士中,50%的妇女都是离异者。对于许多夫妇来说,他们的孩子长大成家之后,他们意识到自己什么都没有了,他们甚至不了解、不认识对方了。”

这些经历提醒我们,婚姻需要持续的关爱和关注才能得到和谐发展,婚姻关系绝非一劳永逸的。当然,离婚是多种因素造成的,我并不是说忽视永远都是造成离婚的其中一个因素,但我要说的是,即使我们的工作繁忙并且还要忙于照顾孩子，但我们也要专注于彼此，用心关爱伴侣，真心交流，为彼此的成功喝彩。

“我们的爱坚如磐石，海枯石烂”这句誓词就像一根纽带，它维系着你的工作、你的孩子们在家度过的岁月以及你大体上能掌控的一切。好好爱你的伴侣，拥有一段感情深厚的婚姻。

07

为人父母就是一场修行

Stretched Too Thin

我们做不到一天到晚地陪伴孩子，

我们也做不到关注孩子的一举一动。

但这些并不影响你成为一个好妈妈，

多与孩子沟通，多鼓励孩子，多参与孩子的生活，

让短暂的亲子时间变得更有质量。

为人父母，是一项艰巨的工程，也是一段旅程，

在这段旅程中，孩子在慢慢独立，我们也在成长。

在开启这一章之前，我们首先要知道一点：你是一个伟大的母亲。你阅读这本书的事实就印证了我的观点。请别自责，为人父母是一项艰巨的任务，并且也是一段旅程。虽然这些话听起来有些老生常谈，但它并不是我们的最终目的。在养育孩子的过程中，我们在不断改变，就像我们生活中的各个方面都需要为了成长而做出改变一样。

我永远不会忘记我的小女儿对我说的话："妈妈，我不想你去上班。我希望你永远和我在一起。"

我跪在她旁边，紧紧地拥抱着她。我一边抚摸她的头发，一边说："哦，宝贝，我非常爱你，但是妈妈必须工作。工作可以让妈妈发挥上帝赐予我的才能，同时，妈妈获得的报酬可以为我们全家提供一日三餐，给你、伊莱亚斯和埃兹拉买玩具。"

她点了点头，说："就好像有一天我成为一名歌手，是因为上帝要让我成为一名好歌手一样吗？"

"是的，就是这样。虽然你要为你的歌迷们写歌、唱歌，但你也会全心全意地爱你的孩子们，就像我爱你们一样。"

我一直相信我会成为一位职场妈妈。因为我的妈妈是一位职场妈妈，我的外婆也是一位职场妈妈。尽管这些年来，我经常因一些莫名的情绪而饱受困扰，例如：我常常觉得愧对孩子，我常常因为与其他人攀比而苦恼，我常常质疑我的工作是否值得我付出，但我的答案依然是肯定的，我认为这是我应该做的，我的工作很有价值。虽然我肩负着工作的使命，但这并不意味着我不能成为一位非常称职的母亲，对你而言,也是如此。如果你觉得自己作为父母的压力太大了,你可以考虑以下几种方法,无论是多大的孩子,都可以与他们建立和谐的亲子关系,并抽出时间做一些有意义的事情。

培养你与孩子的感情

我不想追忆孩子们的生活,然后回头一想,哇,我们居然花了那么多时间"与孩子培养感情",以至于我们几乎没有多余的时间做其他事情。我也不想因为工作太忙而把孩子们放置一边"散养",这就是我们在第四章中讨论过的内容,为什么自我护理会变得如此重要。

在雷内·彼得森·特鲁多(Renee Peterson Trudeau)撰写的优秀著作《培育家庭的灵魂:在日常生活中重新建立联系以及家庭和睦相处的10种方法》中,她在引言中写道:"有意识地养育以及在有亲密关系的基础上,同意与他人一起生活,这是一项重要的精神工作。"最重要的是,我们都渴望建立联系,建立团体。我们必须在家里开始着手这件事情,现在就执行,不能拖延到一个月后,更不能拖延至一年后才执行。现在是时候该唤醒我们的意识、治愈心灵、敞开心扉并且与我们最熟悉、最重要的人重新建立联系了。[1]

我喜欢雷内现在叫我们表演的那幅模样。在我们忙碌的时候,我们很容易推迟事情。有时候,似乎事情越重要,压力越大,我们就越有可能推迟事情。请不要满足于现状。如果因为工作繁忙,责任重大而被动地适应惯例，这不是正确的做法。你应该先把这些事情搁置一边，以便有时间和孩子们一起经历一次有意义的体验，这会给孩子们的一生带来积极的影响。

利用常规时间与孩子建立和谐的亲子关系

我在办公室的公告板上挂着一张印刷纸，上面写着吉尔·丘吉尔的一句名言："做一位完美的母亲是不可能的，但成为一位好母亲的方式有很多种。"

虽然我不能为你列举百万种方法，但我可以在一天中的某个时段为你提供一些与孩子建立良好关系的办法。你会发现你和你的孩子已经一起度过了这段时间。我不建议一开始就彻底改变你与孩子们的相处模式，我建议你考虑如何度过与孩子们相处的这段时间。不是毫无头绪地乱忙一通，而是要全程陪伴他们。在本章后面的小节里，我们将介绍一些其他习惯，你可以将这些习惯融入你的家庭生活中，它们有助于你和孩子们建立和谐的亲子关系。

儿童节那天的主要任务是学习和从事课外活动。利用与孩子们在一起的机会，你需要和孩子们在情感和精神上进行沟通。你需要根据不同的季节、孩子们的年龄，打起精神与孩子们共享美好时光，然后再考虑接下来你们会如何度过余下的时光。

早上的时间

早上是与孩子们建立密切联系的好时机，你和孩子们可以在这种积极的气氛中开启愉快的一天。在这一周里,许多家长会利用早上的时间制定本周的工作目标,然后出门上班。但是,请你把早上宝贵的几个小时视为与孩子们共度美好时光的一个机会。一起吃早餐,一起读书,或者一起和孩子们复习功课,谈论你喜欢的东西,讨论他们的学习心得。如果你是在晚上工作,你可能会发现,虽然你不是经常在家吃晚饭,但在吃早餐的时候,你可以和孩子们在餐桌旁谈天说地。如果你习惯早起,你可以和孩子们一起锻炼身体,例如快速跑步或做瑜伽。你那十几岁的女儿可能很想替你化妆,你与孩子们在一起的时候,可以抓住这个机会有意义地进行交谈。

利用早上时间与孩子们建立和谐的亲子关系就意味着你要早起,也意味着在前一天晚上,你要做好充分的准备,以确保你们在早上能够共同度过这段美好的时光。但是,你做出的这一点牺牲在未来会对你的孩子产生重大的影响。从短期来看,在他们毕业后能够感受到爱,从长远来看,当他们回顾他们的童年的时候,也会受益匪浅。

我喜欢和我的孩子们在一起共享早上的时光,我们会在上学和上班之前一起做一些事情。当然,我们并不是每天早上都会这么做,但每天早上我去上班的时候,我发现我的精神状态非常好,头脑清楚,心情也不错。我相信我的孩子们在上学的时候也会感受到更多的关爱,尽管他们年纪还小,无法表达出这些感受。

午餐时间

午间的短暂休息也是与孩子们建立和谐亲子关系的大好时机,尤其是孩子们上小学了,许多学校会邀请家长和孩子们共进午餐。虽然我的工作日程不允许我经常和孩子们一起吃午餐,但我会尝试着每年安排几次机会。和孩子们共进午餐的感觉总是非常特别。如果你家孩子上高中了,他们可能会被允许离开学校吃午饭。如果是这样的话,你可以问问你的孩子们是否愿意和你共进午餐。利用这段时间,你可以和你的孩子们像平时那样面对面地进行交流。

如果你认为共进午餐不是一种理想选择,那就采用另一种表达爱意的方式,你可以在孩子的午餐盒里留张便条,或者把他们最喜欢的甜点放进午餐盒里。我妈妈总是在给我们打包午餐时制造一点惊喜,让我们觉得午餐时间很有意义。我记得她在圣帕特里克节(St. Patrick's Day)做了一顿绿色的午餐,里面有一杯绿色的饮料、一份三叶草饼干和绿色的旋转式面包(我没有吃这种面包,因为我觉得它看起来太像霉菌了)。当我还是个孩子的时候,我以为我妈妈的做法只是在开玩笑而已,但现在我意识到,尽管母亲忙于操持家务,同时还承担了大量的工作任务,但她依然会体贴地为我打包午餐,有意地给我制造惊喜。

对于年龄较大的孩子,记住他们的午休时间,在午休时给他们发一条短信,让他们知道你在想念他们。因为他们要在学校度过漫长的一天,所以这种充满爱意的表达方式或许正是他们所需要的。发完这条短信之后,你也会干劲十足地处理接下来的工作!

乘车时间

在一天之中，乘车也是和孩子们交流的机会。在我为人父母的前六年里，多数时候都是由我来接送孩子上学、放学。我每天会和孩子们一起坐一小时的公车。在这期间，我们会谈论他们这一天的学习计划，一起唱歌、祈祷，享受彼此的陪伴。不管我的工作有多么繁重，我会通过一起坐车，相互陪伴的方式开启美好的一天，又以完成记事簿上的工作日程来结束这一天。我会永远珍惜我们相互陪伴的那些美好时光。

我的一个朋友，她有一个年纪较大的孩子，她告诉我，和孩子们一起坐车那段时间是建立良好关系的大好时机，尽管谈话内容会从学习的话题转向同学关系、学校生活的困难等。如果你和孩子们一起坐车需要看时间，请不要把从起点到目的地看作一种负担，你要把这段时间看作是上帝赐予你的礼物，让你可以和孩子们一起不受任何干扰，随意交谈。

傍晚时分

晚上是职场妈妈和孩子们建立和谐亲子关系的关键时间。虽然课外活动、作业和晚餐可能会占用大部分时间，但你们仍然有一段时间可以相互建立良好关系。询问你的孩子们他们一天的校园生活、他们的朋友以及他们可能存在的任何烦心事儿。你们需要开诚布公地交谈，切忌急于求成。你可以把你的注意力集中在他们的言谈举止上，这样，你就可以更好地说服他们了。

在孩子成长的过程中，自发的乐趣也总会受到欢迎。例如，我们小区里有一个游泳池。虽然每到夏天，很多家长会在白天带着孩子们到游泳池里玩耍，但对我们来说这个办法不可行，因为我和马修白天都要工作。我总是喜欢在饭后对孩子们说："我们去游泳池吧！"孩子们高兴得尖叫起来，立刻跑去穿游泳衣。我们在一起玩得非常开心。在那样的夜晚，堆积如山的盘子肯定会洗不完，但是没关系，拥有美妙的回忆比什么都重要。

对于年纪较大的孩子来说，通常情况下，晚上是他们敞开心扉、畅所欲言的黄金时间，有时候，他们可能会严肃而真诚地与我们交谈。我的朋友克里斯汀（Kristin）有三个十几岁的孩子，她跟我分享道，当孩子们想和你聊天的时候，你一定要抽空做一位忠实的听众，这一点非常重要。即使夜深人静了，而且你已经准备上床睡觉了。"如果我们能多一点耐心，不要让疲惫侵蚀我们的心智，我们就能更好地为他们营造一种安全氛围，让他们推心置腹地与我们分享他们内心的担忧和恐惧。我们要让他们明白，我们之间的谈话没有任何禁忌话题。当我们谈到更加严肃的话题的时候，我们必须沉着冷静、不动声色地应对！当孩子们遇到生活困难的时候，我和我的丈夫希望他们主动寻求我们帮助，而不是去找一位无法正确引导他们朝着健康方向发展的朋友。"[2]

就寝时间

就寝时间也是与孩子们交流的关键时刻，尤其是当他们还年幼的时候。黑暗和寂静的房间会让孩子们敞开心扉，他们或许会变得格外深情。我的孩子们喜欢向我提问题，我们一起谈论他们这一天的生活趣事儿，睡觉前，他们不断亲吻致使我无法呼吸。有时候因白天忙碌不停，一到晚上就感觉疲惫不堪。老实说，那一刻，我非常渴望跳过这段时间，不和孩子们玩睡前的“恶作剧游戏”——因为一到晚上，我们会需要用大量的水，睡觉前，还会最后一次去洗手间。但是，当我说“是的，妈妈会陪你上床睡觉”时，我总会感到非常高兴。我知道我因工作忙碌的日子不会一直持续着，所以我会专注地工作，珍惜与孩子们在一起的每时每刻。

周末时间

如果你的工作是全日制工作，那么，周末是你休息的时间。如果你的工作是自营业者或者你的工作是非全日制工作，那情况可能不一样。不管怎么说，学龄儿童都是在家度过周末，所以请认真考虑如何有效利用周末时间与孩子共度美好时光，这对建立和谐的亲子关系尤为重要。

共同策划周末的欢乐时光。如果你有多个孩子，尝试计划一对一的相处模式。活动内容可能会很简单，比如绕街散步，或者一起去买冰淇淋。通常情况下，我们一家人会利用周末时间参加一种娱乐和家务活儿相结合的健康活动。我们非常高兴并且感恩周末有两天和睦共处的时光。

鉴于在我们生活中会有不同时段的零碎时间,想想你的家人喜欢一起做什么。是喜欢一起玩游戏,一起去散步,还是一起在厨房做美味佳肴?不管采用哪种方式,在我们的日常生活中,请充分利用这些零碎时间采用不同的方式与孩子们密切联系,以建立和谐的亲子关系。

建立亲子关系的其他方式

为了在某一天或某一周利用不同的时间段,思考一下你和孩子们是否还有其他机会能够建立亲子关系。记住,对于年纪较大的孩子来说,和他们一起利用时间策划、安排活动是非常有益的,他们往往会被课外活动、社交活动和工作责任占据大部分的时间。如果你觉得让你的孩子们参与一些事情(比如家庭聚餐或郊游)会让他们受益匪浅的话,请一定要对孩子们表达你对他们的期望,促使他们把该项计划纳入他们的工作日程,成为一个优先待办事项。提前通知孩子且明确表达你的期望是有益的,这样做会让他们感受到被关注和被关爱。

家庭会议

家庭会议是建立良好关系的一种有效方式,要确保把每一位家庭成员的工作日程记录在同一页上面。会议可以是正式的,也可以是非正式的，但会议的目标应该是向每一位家庭成员通报生活上的日程安排、规则和其他家庭事务。学术顾问费思·克拉克罗夫特（Faith Cracraft）是一位职场妈妈，育有一位小女孩，她向我分享了她的观点：

> 目前，我们的家庭会议只有我和我丈夫参加。根据我们的日程安排要求，我丈夫在学校有两份全职工作（一天白班，一天夜班），还要做义工、做兼职。我们每月对工作日程和财务预算进行一次深入的审查，每周记载一次周计划。我们尝试着享受安息日，所以，每个周末，我们都会有一天不做任何安排。在有大量工作需求的情况下，在同一个页面记载不同的日程安排是非常有用的。[3]

梅利莎·伍滕（Melissa Wooten）是一位单身母亲，她有两个儿子（年龄分别为29岁和17岁），她认为家庭会议对她的小儿子起着至关重要的作用，她说："在每周日的晚饭后，我们都要开一次家庭会议。我们将讨论下一周的日程安排、下周的每日食谱、下周一周内所需采购的一切物品。在本月的最后一个星期天，我们将讨论下个月我们特别想做的一些事情并把它记录在工作日程上。每周一次的家庭会议有助于我们推心置腹地交谈，并确保我们有充足的时间做重要的事情。"[4]

家庭聚餐

家庭聚餐也是一个建立和谐关系的机会。我和我丈夫刚结婚时，我们习惯在客厅吃饭，因为我们的饭厅狭小。这个习惯一直延续到了我们搬进新家，尽管新家设有一个餐厅，但我们依然还在客厅吃饭。随着家庭人员不断增加，孩子们的年龄不断增长，我意识到我们都错过了大家推心置腹地进行交谈的机会。反之，我们都把注意力集中在电视上，想知道主厨是否能战胜名厨博比·弗莱(Bobby Flay)。所以，我们决定将吃饭的地儿换个位置，现在，我们开始在餐厅里吃晚餐了。孩子们帮忙摆桌子，我们大家喜欢互相交谈。我们每个人都分享一天中的奇闻趣事儿和遭遇的困难。这已经成为我们一天中最开心的一段时间了，因为家庭聚餐为我们营造了一段美好时光，不仅增进了我们的感情，也使我们的关系变得更加和谐。

安·沃斯坎普(Ann Voskamp)的家人每次用餐后都会一起读《圣经》。安·沃斯坎普是一本畅销书的作者，她的孩子七岁，她会有意识地抽出时间和孩子在一起读书。当她丈夫还是个孩子的时候，他就养成了这种读书习惯。等到他们有了孩子，他们也坚持这种读书习惯，在养育子女过程中，他们也采用了这种方法。她说：

> 老实说，我做过最棒的事情就是在每餐结束之后打开《圣经》，一起阅读。有时候我们在阅读过程中会遇到困难，

不明白文章的真正含义，无论是标题、涉及的文化或是本身的问题。在我们所做的事情当中，它总是占据中心地位。我们可以说，如果你有问题，请将问题逐一说出来，我们共同解决，但你必须以诚相待，餐桌上总是摆放着真正的面包。它能帮助你解决饥饿问题，以支撑你的灵魂。[5]

安杰拉(Angela)是一家公司的公关经理，也是两个孩子的妈妈，她也发现了许多有意义的做法，可以在吃饭时与孩子们建立良好的关系。她说：

我和我丈夫经常利用就餐时间来探讨问题，扩大我们的视野，以树立正确的世界观，并且我们经常和两个十几岁的孩子讨论时事政治。而且每月至少深入探讨一次，我们尝试一起做一道外国的新菜品。例如，每年三月，我们都会做一些爱尔兰菜，在复活节前后，我们会做一些传统的犹太菜。有一天晚上，我们甚至还做了一道传统的印度菜，然后一起看电影《我爱贝克汉姆》。这些活动让我们的生活变得多姿多彩，并且我们还成了素食者。对我们来说，虽然晚餐看上去很随意，但当我们兴致勃勃地谈论政治、宗教、营销活动、大学和职业演讲以及典型的青少年事件(如学校舞蹈、课堂和体育赛事)等主题时，全家上下充满了欢声笑语。[6]

假期

你有没有听过这样的说法:“和孩子们一起度假只是换一个地方做父母?”我听了不禁好笑。的确如此!我和我的三个孩子一起度假的感受和我与女朋友去墨西哥旅游的感受简直是大相径庭。然而,当我回忆我们全家度假的情景时,无论是简单的日间旅行还是一周的海滩之旅,我脑海中浮现的第一个词都是“珍贵”。假期让每个人都有机会外出探索世界,体验奇迹,抛开日常生活中的烦恼。孩子们长大以后,假期也为每个人提供了参与策划的机会。作为一位职场妈妈,我喜欢假期,因为假期能让我有机会更多地关注我的家庭。

每周的传统聚会

我们全家人都热衷于每周的传统聚会。通常,星期四是游戏之夜,星期五是电影之夜。我们的孩子们期待着能挑选一部我们全家人都喜欢看的电影一起观看。我们过去常常会在周五晚上挑选要放映的电影来看,但现在我们选择在一周中早一些的时候挑选电影,这样就消除了争吵,我们对即将到来的事情也会越发地兴奋。我们一起吃晚饭,然后用毯子盖在身上相互依偎靠在沙发上。有时候我会躺在沙发上,与一个孩子依偎在一起。通常,大孩子们会坚持关掉电视。这样他们就可以叫我用胳膊搂住他们。我不禁感叹,这些年可真是光阴似箭,岁月如梭啊!我喜欢闻他们头发的香味,感受他们胸部有节奏地跳动。和孩子们在一起的时光是我给他们童年最美好的回忆。

我的朋友莉莎(Lysa)和她的家人星期一晚上有家庭晚餐。这样的夜晚总会实行开放政策,她允许她的孩子邀请朋友们到家里来享受美食并进行深入的交谈。自从有了这一传统的家庭节目,莉莎制造了许多与家人共度美好时光的回忆,他们可以与孩子建立和谐的关系,并且孩子也能与她的朋友们建立深厚的友谊。[7]

生日

我在一个很重视生日的家庭里长大。早上起床,我会发现我的门上贴着气球,厨房里面到处都是绉纸。我爸爸会帮我整理床铺,我妈妈会给我做一顿我喜欢的早餐。他们没有因为繁忙的工作而让我和妹妹失望。现在我作为一名母亲,我也想让我的孩子们开心地过生日,我通常会为他们做一顿特别的美食,我会唱歌给他们听,还会举办一个派对。

职场妈妈埃米(Amy)的孩子们已经十几岁了,她工作的地方距离孩子的学校有 40 英里,这就意味着他们需要乘坐公共汽车往返学校。她向我分享道:“在他们生日那天,我专门在下午请了半天假,这样我就可以去学校接他们,他们就可以避开那辆可怕的校车,至少那个下午是这样的。他们总是期待着我在他们生日那天去接他们,这样,我就可以给他们做一顿他们喜欢的美食。”[8]

生日是为孩子们庆祝的绝佳机会,他们一定会带着美好的感觉来回顾那段日子。认真思考一下,在孩子生日那天你需要多做点什么事情来表达你对他们的爱。不管他们年龄多大,这种关爱与体贴都是值得珍惜的。

践行感恩

在家人面前践行感恩,不应仅限于感恩节。相反,你要设法经常表达你对家人的感激之情。我给全家人买了一个螺旋式日历,把它摆放在我们的餐厅里。每一天,每个家庭成员都要写下一件令他们感激的事情。日历很容易存储,而且也容易翻看。我喜欢这个办法,它可以为孩子们提供写作练习的机会,并且可以保存孩子们在这个年龄段的笔迹。我知道,在未来的岁月里,我们会对日历上记载的感恩事件进行回忆,它们也会被我们深藏起来。其他家庭则挂着一张感恩海报,让人们在纸板上写上感恩话语或用信纸写一封感谢信。

花点时间让孩子们知道你也很感激他们,并具体说明你的原因。当我们的大儿子对他的弟弟妹妹照顾周到的时候,我们会告诉他,我们很感激他善良、耐心地对待弟弟妹妹们。积极的肯定和感激会促使孩子们健康成长,他们将带着我们给予的积极肯定和感激走得更远,并且远远超出我们的期望。

慷慨地表达你的感激之情。方法并不重要,但行动很重要。践行感恩会让人感到更快乐,快乐的人会给家庭带来幸福!

出差期间

如果你因工作需要出差,把你离开这段时间视为你向孩子表达爱的机会。你可以在他们的背包或饭盒里留下纸条。如果他们长大了,请给他们发短信,让他们知道你挂念着他们。在他们每天上学前,可以与他们视频对话。出差回来后,请记得给他们带一件小礼物回家,表示妈妈一直惦记着他们。不必直接向他们展示或表达你有多么爱他们。

重返家园

我支持职场妈妈珍妮·埃文斯(Jennie Evans)的做法。当家里面有人要离开一段时间时(比如,去营地),家里所有成员会为他们顺利返回家园而接风洗尘。珍妮总会保证他们的房间是干净的,而且床上铺的是干净的床单。全家人都会围聚一起享用特别的一餐(在他们外出之前倾听孩子做抉择的原因),并倾听孩子们讲述他们的亲身经历。[9]

事实上,你是一位职场妈妈,但这并不意味着你是一位“没有育儿经验”的母亲,这就意味着你可能需要在育儿方面发挥你的创造力,在孩子身上多下苦功夫,而不是抱着侥幸的心理处理你与孩子之间的关系。你需要认真计划一天中或一周内你和孩子们一起相处的固定时间,并为突发状况做准备,你可以积极主动地倾听孩子们的心里话,说出事实,表达你对他们的爱。

好妈妈的13条标准

无论我们做什么工作,无论我们在事业上投入了多少时间,我们对待孩子的方式和我们的行为方式都非常重要。我想成为一位爱孩子的妈妈,当我和他们在一起的时候,我会现场教他们操作实用性工具,教他们一些重要的生活课程。你可以参照下面的属性和行为来判断你是否是一位称职的母亲。

做一个有自我意识的妈妈

当你有意成为一位称职的母亲时,你需要有自我意识。弗兰·沃尔菲什(Fran Walfish)博士是贝弗利山庄家庭和关系心理治疗师和《有自我意识的父母》一书的作者,她说:“做一名有自我意识的父母,就是对自己和自己的行为总是充满好奇,并且心胸开阔,愿意直面自己的内心并承担责任。”她接着补充道,“对所有关系而言,责任是非常重要的,包括为人父母所承担的责任。有些人认为,你不要在孩子面前说你犯了一个错误,或者说你对孩子感到非常抱歉。否则,你会失去孩子的尊重,而事实恰恰相反。勇于承认错误,直视自己的内心才能获得孩子更大的尊重。”[10]

我明白在为人父母的方式中自我意识起着至关重要的作用。当我被忙碌的工作折磨得焦虑不安、饱受困扰或不知所措时,这些不良情绪有时会影响我对孩子们说话的方式。当我为了一些微不足道的事情而突然失去控制并勃然大怒的时候,我看到他们的行为举止发生了变化。

有一周我的工作特别繁忙。一天早上,我们的清洁服务是在上午

8:00。除了要做好上学准备以外,孩子们还需要帮忙整理自己的房间。我们给两岁的孩子打开了电视,这样其他人就可以正常工作了。我的长子一再要求我关掉电视,因为他被电视声音吵得心烦意乱。我顿时发怒了,声嘶力竭地对他大吼,以致他被我的反应吓了一大跳。那一刻,我非常难受,然后,我立即离开了。

离开几分钟之后,我又回到他身边,请求他的原谅。他抱着我的腰,微笑着原谅了我。在上班的路上,我打电话给我的丈夫,请求他原谅我的行为,我向他解释我有太多的工作要做,以致压力太大。他温和地说,他会原谅我所做的一切,他了解我之所以会这样,是因为我压力太大了。

如果我没有自我意识,那一天,我的行为可能会给每个人带来负面影响。通过迅速认识自己的错误并向对方道歉,我能够扭转不利局面,为孩子们树立良好的行为模范。可以肯定的是,有时候我还是需要大声叫喊,因为我们都需要通过这种方式缓解压力!我很感激我的丈夫能理解我并且让我明白,当我的教育方式不太妥当的时候,他也会感同身受。

林恩·扎基里(Lynn Zakeri)是芝加哥地区的一名临床社工兼治疗师,她肯定地说:“我上面描述的情况是许多职场妈妈经历过的情况,它肯定会影响到我们的孩子。”她说,“孩子们害怕做判断。当你工作压力很大的时候,你就会过于追求完美,没时间犯错误,没时间胡说八道。他们就会想妈妈会怎么想、怎么做呢?比如,如果屋子变得乱七八糟的话，妈妈肯定会很生气的。”她接着补充道，“我会告诉我的孩子们，当我压力很大的时候，我的脾气会很暴躁。孩子们就会说，‘你为什么会对我们大喊大叫呢?’然后，我就退让一步说，‘你们是对的。工作这件事是我必须要做的事情，不应由你们去做，而是由我来完成’。他们听完我的解释，感觉就会好多了，因为我们双方都解除了误会，我们又可以开心地做事情了。”[11]

为努力成为一名具有自我意识的父母，你需要调整自己的状态和情绪，以保证你能与家庭成员和谐相处，不会给他们带来负面影响。这样，你就会对自己的言行做出更好的选择。此外，你还可以鼓励孩子们参与这个过程，让他们监督你，促使你增强自我意识。当你因为工作压力而出现不良情绪的时候，他们会帮助你唤起你的自我意识，调整情绪。

做一个轻松的妈妈

冷静下来。大脑神经绷得太紧并且压力太大对任何人都没有好处。不要事事追求完美，然后把你的挫折发泄在你的孩子身上。相反，放慢脚步，采用轻松的教育方式。坚信“既来之，则安之”。

我发现早上孩子们要去上学的时候，我经常会感到压力很大。我觉得我一直在对他们需要完成的任务(吃早餐！穿衣服！刷牙!)不停唠叨，我把早晨的气氛弄得特别严肃。我决定去1美元的连锁店买一张图表，并在上面列出他们早上需要完成的所有任务。这张简单的图表可以缓解早晨严肃的气氛。他们会很容易地记住他们每天早上需要做什么，我不再对他们大喊大叫，我会彻底放松自己，让早上的生活变得更加积极、更具有活力。

我的朋友沙恩（Shane）今年三十几岁，是一位自由职业妈妈，她向我分享了一个明智的建议："我认为，在与孩子打交道时，做好自己是很重要的。不要害怕自己变得愚蠢或怪异，而且要愿意在日常谈话中谈论有关性和文化的话题。有时候，我会让自己成为一位非常认真的父母，当他们谈论听到的事情、身体部位等的时候，我会彻底放松自己，开怀大笑，我再也不用因担心他们一无所知而不断地教他们了。"[12]

做一个诚实的妈妈

不要回避对孩子们说真话。诚实永远是上上策。如果你这段时间工作非常繁忙，向他们解释你在做什么、什么时候回家，并向他们说明这段时间你的压力会很大。写这本书时，我经常在早上5:30去上班。我在开始工作之前会利用一点时间写作。我儿子问我，如果我要早点上班，为什么不能早点回家呢？我没有搪塞他。我解释说："这段时间我的工作很忙，妈妈必须要工作很长时间，再坚持几个星期，等我的手稿完成了，我就会有更多的时间陪你们了。"在孩子面前，我会以身作则，如果我们总是诚实地对待他们，他们就会信任我们。

做一个让孩子们参与做家务的妈妈

让孩子们从小参与家务是很重要的。对你来说，更多人参与家务活儿意味着你的工作量减少了。参与家务活儿还能让他们懂得“二人同心，其利断金”的道理。并且告诉孩子们，我们要把房子变成温馨家园，每个人都要为此做出努力并感到骄傲。如果你把时间用在与孩子们一起叠衣服或一起擦窗户上，你就不会因为自己忙着做家务活儿忽略孩子们而感到内疚了。相反，为人父母还包括你应该教会孩子们如何过好生活以及如何打扫卫生。

做一个知错就改的妈妈

如果你犯了错误，要迅速道歉。不要将承认错误就会吃亏的错误价值观传授给孩子，对他们来说，无论是在当下还是在将来，都是百害而无一益的。你的“弱点”会变成值得孩子们敬佩的“优点”（尤其是当你的孩子们长大成人之后），道歉的行为也是一种正确的价值观，它能够教孩子们知错就改。

此外，道歉也是献给自己的礼物。你为什么不道歉呢？道歉可以换来信任，也能治愈伤痛。哈丽雅特·勒纳（Harriet Lerner）写道：“我们的自尊和成熟程度完全取决于我们客观评判自己的能力，客观评判我们的行为是否对他人产生影响的能力，以及承认我们是否以牺牲他人利益为代价而行事的能力。”[13]在养育孩子的过程中如果做出错误的选择，你可能很快就会因为自己的过度反应而自责，但当你承认错误并道歉时，你知错就改的行为能让自己不背负负罪感和羞耻感。

如果你以一种伤害他人的方式行事，道歉有助于你修复彼此的关系。你不会让事情变成全盘散沙。如果你能够看到事物的本质,并努力使事物变得完整,这就是你能献给孩子们的一份美丽的礼物。

同样,当你的孩子向你道歉时,你需要以同情、感激和优雅的方式来接受道歉。承认道歉需要勇气,说声“谢谢”继续前进。你可能会试图以指责的方式来提醒他们的错误行为,但这会减少他们道歉的机会,让孩子们感觉很郁闷。[14]例如,不要说:“谢谢你道歉。不过,你的这种行为方式很不正确,也很伤人,以后不许再发生这种情况了。”当你的孩子道歉时,请不要再过多指责,此刻不适合对孩子进行深入教育。

做一个经常陪伴,愿做忠实听众的妈妈

当你和孩子们在一起的时候,陪伴与关爱就是你献给他们的最好的礼物。因为在一天之中,我大部分的时间没有和孩子们在一起,当我和孩子们聚在一起的时候,我会试图将注意力全部集中在他们身上。把你的专注作为礼物献给你的孩子,让他们知道你时刻关心着他们。

随着孩子的成长,你要学会少说话多倾听。不要让工作和其他事情妨碍你和孩子们的交谈。不仅要注意孩子们说话时的措辞,还要注意他们的肢体语言是否得体。当孩子们长成青少年的时候,他们有时候会变得少言寡语,这就是为什么我们必须要注意孩子们的语言和非语言暗示。当他们说话的时候,你要斜靠在一边,然后仔细倾听,温柔地做出回应。一位名叫霍利(Holly)的母亲分享了一个故事:她的女儿被

她的朋友们赶出了群体,在她女儿恢复的过程中,倾听成为上上策。

> 在孩子想要倾诉的时候,我和我丈夫努力寻找倾听的方法,鼓励她敞开心扉与我们交谈,帮她寻找应对非常时期的办法,如果有需要的话,我们会为她指引方向。无论对她,还是对我们而言,都觉得整个学期过得如此艰难,但是我们通过各种方式与她交流,比如口头交谈、坐车时相互交谈、以发短信和发送邮件等方式交谈,这些方式促进了我们开始交流和继续对话,也为我们提供了倾听的机会。[15]

这个例子正好说明了当你真正倾听的时候,你的行为可以对你的孩子产生积极的影响。对他们的倾诉内容表示尊重,并适当地插入意见,提出批评。

做一个好客的妈妈

在孩子们的生活中朋友扮演着重要的角色,尤其是当他们长大的时候。当我长大的时候,我的每一位朋友都会到我家串门儿。我妈妈从来不拒绝我的朋友们,妈妈的做法对我产生了深远的影响,尽管我长大成人之后才意识到这种积极的影响。

尼科尔(Nicole)是一位管理人员兼三个孩子的母亲,她向我分享道:

> 当我女儿上高中的时候，她变得非常忙碌，她总是把她的朋友带到我们家里来。经过一整天的工作或出差一周回家之后，我感觉自己非常疲倦，很想安静地休息。尽管如此，我深知邀请她的朋友到我家参加我们的家庭活动是多么重要，哪怕让他们参与我们的一些简单活动，比如共进晚餐或者大家聚在一起共度晚上的欢乐时光。我也会了解到很多关于她朋友的个人情况、她朋友的生活以及她朋友与她母亲之间的关系等。通过了解女儿所谓的重要朋友，我待人的方式让女儿明白她的朋友对我也很重要，这就促使我和我女儿的关系变得更加亲密。[16]

这种热情好客的天性也可以延伸到邀请孩子们的男、女朋友。如果你的孩子正处于恋爱期，请你邀请他或她的男、女朋友到家里做客。培养健康、积极的人际关系对每个人都很重要。盛情款待孩子的朋友有助于丰富你的人际关系，加强你和孩子们之间的信任。

做一个常说“是”的妈妈

你是否曾经对你的孩子说过“不”，当他们问你为什么时，你的回答是“因为这是我说的”，我曾经这样说过。在我因身兼多职而困扰的时候，我通常会用这种方式来敷衍孩子的问题。我不想帮助他们，我不想让他们把那些玩具拖出来到处摆放。我不想……，我不想……这个“不”字真的会影响到我们的孩子,会影响他们对我们的尊重,影响他们看待我们的方式。因此,我们应该经常说“是”。

在布琳·布朗讲授的《脆弱的力量》课程中,我更多地从布琳·布朗那里学到了很多关于说“是”的经验。她说:“作为父母,我们的目标应该是在每一次我们能做到的时候,给予孩子们一次有启发性的肯定——‘是的’。”在她的课程中,布琳·布朗教授说“是”会激发孩子们的信任。请记住,我们可以说“是”这个字,但我们必须给这种肯定划定界限。例如,也许你的孩子可能会问你,他们是否可以和朋友们一起去附近的公园玩。当然,这是他们在没有成年人陪伴的情况下走得最远的一次,与其立刻拒绝他们,还不如换一种表达方式:“是的,但是我要骑自行车去,以确保你的安全。我相信你和朋友能够到达那里,但请让我做一下中间人。”你用肯定的表达方式“是的”来代替“不,你还没有长大”,这种表达方式会激发你和孩子之间的信任,有利于建立和谐的亲子关系。

这并不意味着你应该对不适合孩子做的事情说“是”。例如,如果你的孩子想要一部手机,但他只有 10 岁,你认为他现在不适合用手机,你可能会说:“好的,你十三岁的时候可以拥有一部手机。”当他们犹豫不决,抱怨你不信任他们时,你可以回答:“我信任你,但我不信任手机内容。”这种类型的“是”是在向你的孩子表明,他们有向“是”方向发展的空间。当你说“是”的时候,你会赋予你的孩子权力,帮助他们茁壮成长。有时候,这种肯定也会变成共同创造的记忆。[17]

做一个设定界限、坚守界限的妈妈

布琳·布朗讲授的《脆弱的力量》课程提醒我，对于我们的孩子来说，了解什么是界限有多么重要，因为划定界限就表示给我们的生活和行为方式设定了期望。关于如何确定有效的界限，她提出了以下见解。

当你为你的家庭设定界限时，一定要以一种容易理解的方式来向他们解释。为什么要设定界限和界限是什么同样重要。考虑一下你的家庭的价值观，记住你设定的界限表明了你对孩子的爱与期望，虽然你的孩子们现在还不太明白这一点，但你要相信当他们长大后，你的孩子会看到你设定的界限是怎样对他们产生积极影响的。

记住，对孩子们来说，坚守界限是件很困难的事情，因为划定界限很可能会让他们忐忑不安。当这种情况发生时，让你的孩子表达他们的内心感受。有时候，我给孩子们设定的界限会让他们忐忑不安，我只想让他们的生活变得更好。“你不能这么做，还是让我们一起来做吧。”我不愿意看到他们心烦意乱的样子，但我必须牢记，学会体验感受是成长过程中的一个重要部分。为人父母的任务不是让我的孩子永远快乐，相反，我的任务是帮助他们成为健康的成年人。帮助孩子们处理愤怒、悲伤或挫折感等不良情绪对我和孩子们都是有益的。当你设定界限时，请为孩子们体验与界限相关的感觉留出空间，但不要根据他们的感受来改变界限。[18]

做一个母亲,而不是一个殉道者

有时候,职场妈妈会从殉道者的角度来看待母性:我有太多事情需要处理,我必须做完所有的事情。为了孩子们的利益,我必须牺牲我所有的需要,虽然我精疲力尽,但我还能继续做事情。我记得,当我的孩子还在襁褓中的时候,我就去上班了,我那疲惫的身躯就像是一枚荣誉徽章。我会借助催眠小睡一会儿,就这样,我把牺牲精神与为人之母联系在了一起。

做母亲并不是要求牺牲自己。为人父母并不意味着你要放弃自己的所有需求,过分地消耗自己的精力。你可以在照顾家庭的同时,仍然爱你自己。所以,你要做一位爱孩子的妈妈,你也可以说:“不,我现在(或者永远)不会担心任何事情的发生。”

做一个会玩耍的妈妈

珊达·莱梅斯(Shonda Rhimes)是一位职场妈妈,也是众多热门电视剧的获奖创作者和执行制片人,她在《追忆美好时光:我是如何冲出篱笆,沐浴在阳光下,做真实自己的》一书中写道,当她穿着舞会礼服要去参加一个活动时,她的女儿问她:“你想玩吗?”这个问题成了珊达为人父母之后的一个转折点。她回答说“是的”,然后她穿着长袍为女儿朗读、跳舞、唱歌,她的女儿一次又一次地给她献吻。“然后我就上车去参加活动了”,她回忆道,“我很快乐。我心中那股暖洋洋的喜悦油然而生。我感觉自己发生了本质变化。就像我发现了一个鲜有人知的秘密一样。但那真的只是爱,这不是秘密。只是我们忘记了一些事情。我们都需要获得更多的爱。”[19]

工作一整天后,你可能不想玩了。但还是答应吧。读完珊达写的这本书之后,我一直在思考,我没有答应去玩,而是提出了建议,“你为什么不和你的兄弟姐妹一起玩呢?”我决定做出改变。尽管我和孩子们玩耍的时候从来不会像珊达那样要穿着长袍,带着项链!我答应给芭比娃娃穿衣服,和我女儿一起玩角色扮演游戏。当我儿子向我发起挑战,要我和他一起下国际象棋时,我说“好的”。我同意和我三岁的孩子一起搭积木。你知道吗?我从不后悔玩耍。我从来不觉得玩耍是在浪费我的时间。事实上,我觉得我应该花时间去玩耍。

所以,如果有时候你觉得玩耍成为一种负担,那就说明你并不孤单。不管怎样,你还是应该答应。尝试着在一天中和你的孩子们一起玩更多的游戏。随着年龄的增长,玩耍可能就会变成游戏之夜,我们会在“YouTube”视频网站上观看有趣的视频,一起创造一些东西,或者出去玩篮球游戏。不管你玩什么,都要尽情享受这种有意义的相处方式,它能培养你和孩子们之间和谐的亲子关系。

做一个真实的、不完美的妈妈

做一位母亲并不要求你像 Pinterest(视觉社交网站)那样做出一道道精致的饭菜,也无须像电视系列剧中的琼·克利弗(June

Cleaver)那样做一位“把它留给海狸”的母亲。这是你最困难,也最需要尽力做好的工作。你要乐意让孩子看到你身上的不完美之处和不完美的经历。让你的孩子看到真实的你,而不仅仅是一个光鲜的表面。我要让我的孩子们看到我哭泣,因为我知道,从长远来看,我永远戴着一张快乐的面具对他们没有帮助。要让他们看到成年人在工作时也会受各种情绪影响,这对他们的未来有好处。

当你不再努力地追求完美,开始接受每天凌乱的生活时,你的孩子就会认识到真实的生活状况,这有助于他们健康成长。

做一个时常现身的妈妈

要做一位时常出现在孩子身边的好母亲。你的孩子们会知道,在他们与你共处的这段短暂而又重要的时光里,你是爱他们的。当他们做家庭作业遇到难题的时候,你能出现在他们身边,坐在旁边的餐桌上。当他们生病的时候,你会为他们做鸡肉汤面(也许你是用鸡肉罐头做的,但不管怎样你给他们做了汤面),并在上面加了一点紫色的咀嚼料。当他们与朋友大吵一架而沮丧的时候,你在他们身边;当他们为了知道比赛情况,全神贯注地观看体育比赛时,你在他们身边。

虽然工作可能会限制你的现身时间,但你不能因此完全不出现在孩子面前。你和孩子们共同相处并不会削弱你的工作能力,而母爱的力量则远远超过朝九晚五的工作。你是个好妈妈,因为你在那里陪伴着你的孩子们。他们知道你是一个他们可以与之交谈和依赖的人,不能让任何工作阻碍你和孩子们之间的相处与交流。

在我工作繁忙那段时间里，我和一个比我大十岁的朋友发短信。她在网上跟我说她很珍惜那一段曾经与我相处的年少岁月。她说："你选择陪伴孩子而放弃工作是正确的。十五年后，你会为此感到骄傲。你真是个好妈妈。"我回答说："我觉得自己没有因为陪伴孩子而舍弃工作，我也经常被忙碌的工作纠缠得不知所措。"她说："你在撒谎。简直一派胡言，把这些借口统统给我收起来。你可能在未来三年里因为忙碌而不能经常陪伴在孩子们身边，但你的孩子们仍然会毫无理由地珍惜你们在一起的时光，这样的幸福时光很短暂。"

听了她的一番话，我不禁黯然泪下，我知道她说得对。我的确因身兼多职而困扰，我也一直找借口说自己没有很好地教育孩子。

为人父母不仅仅体现在某一个时刻，也不体现在某一段时间。它体现在你日复一日地做一件又一件正确事情的时候。如果你觉得这段时间你对你的孩子不够好，那就倾尽全力地去做一位好父母。你的孩子知道你是爱他们的。因为你明白堆积如山的事情、繁重的工作任务和日常生活带来的压力都无法夺走你和孩子们之间良好的亲子关系。

08

打造温馨的家，安放所有美好

Stretched Too Thin

自从有了孩子，家里似乎总是乱糟糟的。
职场妈妈常常苦于家务压力，
如果你希望打造一个温馨的家，
请不要太追求完美，偷懒也不用自责，
洗好的衣服也不必叠起，只是收放起来即可。
不必把衣服都熨烫得笔挺，
只追求“健康、清洁”的生活即可。

我如约和我的朋友们进行了一次“女孩们的旅行”，在旅行时，我向我的朋友莉萨坦白了一些事情。

“我对我的家人感到很惭愧，但我不能把我的时间和精力仅用在做清洁等家务事上。”我说。

她回答说：“你应该把这件事情写下来。”

所以，这就是我现在要对你说的话。

管理家务事不仅仅是我一个人的事，我希望如此。我从自己订阅的杂志（如《南方生活》《真正的简朴生活》《乡村生活》《更美好的家庭和花园》）上面裁剪下一部分照片并钉在“Pinterest”（视觉社交网站）上。我一直回忆在童年时代，我那位职场妈妈是如何把我们家收拾整理得干干净净的。然而，我真的很纠结。我总有很多的事情需要处理。比如要不停地帮孩子收拾东西，回复更多的邮件，要洗堆积如山的盘子。我要工作，要照顾孩子，要安排生活，还要做家务，这实在是我所遇到的最糟糕的情况了。

当别人一次又一次地问我，我是如何做到的时候，我通常笑着说：“相信我，如果你看到我的房子，你就会知道我并没有做完所有的事情——离你们的期望值相差甚远！”在我们的房间里，我那一堆换洗衣服总是横七竖八地到处乱扔，孩子们的玩具总是杂乱无章地乱摆。我也没有将洗碗机里面的餐具取出来整齐摆放——我很好奇它为什么不能自动将洗干净的餐具整齐摆放呢？

你是不是觉得听起来有似曾相识的感觉？

根据皮尤研究中心(Pew Research Center)的数据显示,31%的职场妈妈倾向于承担更多的家务和责任,59%的职场妈妈表示,母亲和父亲在家平均分担家务和责任。[1]但无论你是承担更多的家务和责任,还是和丈夫平均分担家务和责任,对大多数职场妈妈来说,家务一直都是令人头疼的问题。事实上,在我对两千名职场妈妈的调查中,有五分之四的职场妈妈会反映家庭管理,包括做饭、打扫卫生、跑腿等,是让她们非常烦恼的事情。以下是关于做家务的一些评论:

"作为一位职场妈妈,最让我感到厌烦的就是管理家务事。有一种说法是'与其花时间做家务不如现在多花些时间陪孩子,房子永远在那里',我完全赞成这种想法,其实,我们家也经常乱得如狗窝。因为我几乎没有时间打扫。我的孩子们已经长大了,他们可以帮忙打扫卫生了,但每次做清洁就好像遭遇一场灾难。我们从来不会因为不收拾屋子而缺少朋友,如果有人碰巧要到我家串门儿,我们会请他们到外面去交谈。我真是对打扫屋子等家务活厌恶至极。"

"尽管我尝试着去打扫屋子,但它总是乱七八糟的。我总感觉家务活是永无止境的,我也不想一回家就把时间花在和丈夫、孩子们一起打扫卫生上。这给我们的生活徒增了很大的压力。"

"我们的房子总是乱七八糟的。因为在一天中,除了应付繁忙的工作之外,我们没有足够的时间去做其他的事情。我曾经考虑过请清洁工来做家务,但从来没有实践过。"

“我只负责把家里面的基本区域打扫干净，我根本没有时间去深入打扫屋子或把家里的东西摆放得井然有序。我把大多数时间花在和丈夫、孩子们一起共度美好时光上，所以，我自然没有时间把房间整理得干净整洁。”

“我家的家务事永远是一大劫难。我总是在不停地和自己玩一场‘过家家’的游戏，不停地洗衣服、清理小狗的粪便，然后应付家人没完没了的问题：‘晚餐吃什么？’”

职场妈妈们做出这种评论不足为奇。事实上，加州大学洛杉矶分校附属社会科学院的科学家进行的相关研究表明，“美国人的家庭通常都是杂乱不堪的，他们因工作忙得不可开交，无法在自家后院一起用餐。尽管他们表明自己的目标是希望能享受家庭聚餐，但是一家人很少聚在一起吃饭，而且他们还不能把汽车停放在车库里，因为他们的车里塞满了非车辆使用的东西”。同一项研究还指出，“在许多家庭中，财产数量的管理也是一个非常棘手的问题，它会使母亲的压力荷尔蒙水平升高”。[2]虽然该项研究还在加州持续进行，但该项研究已经在全国各地的家庭中引起了共鸣。任务繁多、时间紧迫让我们中的许多人感到心烦意乱，而且对于那些一天到晚工作的职场妈妈来说，家务活会让她们特别劳累。其实，我们的生活不该是这样的。

我明白，我们家的房间永远不会像杂志上的那样井然有序，但是，我不会因为凌乱而感到羞耻，我接受这个事实。我的房子不一定完美,但让我觉得住在里面我很知足。我还致力于整合家人的习惯、系统地管理家务并为家人提供服务,让事情变得更加顺利。

你也可以通过做出选择来改变家庭原貌,让自己不再为家务事儿心烦意乱。改变不是一朝一夕的事儿,但通过从小事做起,评估如何将习惯和制度融入你的家庭,并找到能够帮助你填补空缺的服务,你就可以感受到家庭给你们带来的温馨和宁静。

培养一种习惯

习惯被定义为任何事物的常规实践。你有好习惯,也有坏习惯,或者有不好不坏的习惯,因为你陷入了一种墨守成规的境地或他们只是觉得正确,所以才会经历此过程。反思一下你的习惯,特别是那些常见的家务事,如洗衣服、洗碗、真空吸尘、支付水电气等事情。你主动去做过家务事吗?或者你对家务事反感吗?也许因手上任务的轻重,上述两种方式你都经历过。如果你让某件事情搁置到不能再拖延的时候才开始采取行动,那么你的行为很可能会使你愤愤不平、心烦气躁。

我可以在家里写一整章关于混乱感觉的内容,因为这对我们的家庭来说是一场鏖战。举一个例子:在我们的车库上方有一间手工艺室。在最近一年里,我很少在里面做工艺品。(那段时间,我觉得非常难过,但我在里面雕刻工艺品的那段时间同样是我生命中最美好的时光。)现在这间手工艺室变成了一间杂物房,柜台上堆满了我计划某一天要扫描的学校项目资料,桌子上摆着一堆需要妥善保管的艺术用品。就连我自己进去都会觉得非常尴尬,我很庆幸门口的两扇门可以挡住客人的视线。孩子们偶尔会有朋友到家里来玩,我一定会提醒孩子们,严禁进入工艺室。有一天,我终于觉得自己受够了这种凌乱状态。

我利用一个星期六的下午来对这间手工艺室进行收拾和整理。我需要把这些物品归位,这样我就可以把房间重新粉刷一遍(因为两年前,我们就把壁纸剥光了),把它变成我梦寐以求的房间了。所以,当孩子们在玩耍的时候,我就去那里清理东西。我觉得自己像个老板,事事需要亲力亲为。

然后,我看到了一堆老鼠屎。

是的,很明显是老鼠屎,一只老鼠认为这里的环境足够安静和杂乱。

它居然把我的手工艺室变成了它的家。

看到此,我简直快发疯了!我丈夫出城办事情去了,我疯狂地给他发短信,**手工艺室里有一只老鼠。里面有老鼠屎!有老鼠屎!**

很显然,那天下午我没有再继续打扫那间手工艺室。

第二天,让我非常惊讶的是,我看见陷阱里的老鼠屎更多,几乎是昨天的四倍,我并没有瞎摆弄。当那只老鼠溜进车库时,似乎迷失了方向。

谢天谢地,老鼠在享受美味的花生酱的时候,我捉住了这只老鼠。我终于可以安全地回到我的工艺室里,于是,我又开始打扫清洁了。我吸取了一个宝贵的教训:从长远来看,我们的坏习惯会导致事情变得更糟。拿我的情况来说,由于我没有坚持整理那间手工艺室,现在我不仅要对整间屋子进行打扫,而且我还得去抓老鼠。

达纳·K.怀特(Dana K.White)是《在理智的情况下,你如何管理你的家庭》一书的作者兼 A Slob Comes Clean(一个专门从事清洁和整理的网站)的创建者,在一次采访中她表示:

> 一旦看到“一片狼藉”的场面,你肯定会心烦意乱。所以,着手于家务活的关键是不要把你的家看作是一个大项目。这会让人觉得你需要留一周的时间来做清扫工作。但谁会花整整一周的时间来做这件事呢?请从小事情做起。不管它有多么凌乱,先完成小事情,它会对你的家庭产生难以置信的积极影响。我建议你首先把做小事情变成一种惯例,但如果你能轻易地把小事情处理好,那你可以尝试挑战大项目。今天解决这件事情。然后明天再一次解决它,以免它再次成为问题(这是关键)。如果每天坚持这样做,七天后,你就会找到一种有效方法,让这种惯例在你家变成一种习惯。把挫折变成惯例所产生的影响完全超乎我的想象。[3]

根据达纳的建议，把挫折变成一种惯例有利于职场妈妈为家庭带来积极的变化。当我们接受这些新惯例并将其转变为习惯时，我们会让全家人的心智更加健康。另一方面，制造混乱的惯例和习惯会给家人带来更大的压力。

查尔斯·杜希格（Charles Duhigg）在《习惯的力量：为什么我们在生活和工作中要做我们应该做的事情》一书中做了如下概述：

①提示（reminder）：开始养成习惯的暗示或诱因。

②惯例（routine）：你所采取的行动就是习惯本身。

③奖励（reward）：你从这种习惯中得到的好处。[4]

当你考虑在家里可能要改变什么习惯或开始养成什么习惯时，请思考一下这三个“R”。对我来说，我更愿意待在洗衣房里。因此，我养成了一个新习惯——每天早上上班前，我都会叠一堆衣服。以下是我执行三个“R”的内容：

①提示：每天早上我打开烘干机（蜂鸣器提醒我应该折叠衣服了）。

②惯例：把洗好的衣服叠起来。

③奖励：少洗脏衣服。

在本章的日记练习中，你需要考虑三个新惯例，并围绕这些惯例养成习惯，它有助于你管理好家庭，缓解压力。

在公寓疗法（Apartment Therapy）网站上，作家希弗拉·康贝丝（Shifrah Combiths）说，“完成循环”的习惯对家庭来说是一场变革，我非常赞同。她写道：“完成循环是一种协同性的组合，需要解决当前你所发现的事情，而不是把现在可以做的事情留到以后再做。”[5]我们家人都很难完成这个循环，包括我在内，但我们正在努力实践，“完成循环”这个词语现在已经成为我们日常生活的一部分。这种令人难以置信的简单概念对我们家的整洁度和全家人的感受产生了深刻的连锁反应。

有序地进行收拾整理

我丈夫和我都如饥似渴地阅读，并且很喜欢书籍。快递员每周多次上门送书籍已不足为奇。好处是我们总有书可读；坏处是因我们的书籍太多显得房间杂乱无章。目前，我们是以两列横队的方式把书籍堆放在书架上，每隔几个月就把成箱的书送到旧书店，我认为这种踢旧方式不太好。我意识到，当我们把这些书籍搬到家里，扔掉我们卧室里的书架时，这种杂乱现象就开始发生了。在购物网站上，我搜到了一个完美的书架，这个书架与我们卧室内的家具搭配一致。然后，我把楼下的书架打扫干净，将旧书打包准备捐赠，把具有收藏价值的书籍搬到楼上。为此，我还专门请了一位杂工来组装架子，并请他帮助我们处理其他的一些家庭事项，因为我知道请杂工来家里干活能最快地解决问题。

不到一周时间，我们的书架就拼装好了，我们的书也有序地摆放在书架上面，一切都变得井然有序了。这种有序的整理方式立刻给我们的客厅带来了宁静，之前我们的客厅总是杂乱无章地摆放着一些货架。的确,房间的整洁度会对一个人的精神状态产生影响。乱七八糟地摆放一些破旧的书架则是我因身兼多职而无暇顾及的问题表象。有序地收拾整理为我的家庭增添了几分静谧。

有序地收拾整理是职场妈妈维持(或恢复)秩序的关键。这样做可以缓解我们的压力,我们可以有更多的时间与家人在一起,并且还为我们全家节省了一笔开支(不再购买橡胶手提包或不再为我们用过的旧日用品租用仓库)。

重要的是,要认识到你收拾整理的风格可能不是将一排排的漂亮盒子陈列出来。你可能想展示你的物品,这样你就能看到你拥有的全部物品。事实上,皮克斯快速清洁队(Pixies Didlt)团的专业保洁员和联合创始人凯利 · 麦克梅纳明(Kelly McMenamin)和妹妹凯蒂(Katie)认为,在清扫整理方面,主要有四种"皮克斯人格类型":经典型、风趣型、组织型和智慧型。不同的人格对待组织方式迥然不同。"经典型和风趣型都是以细节为导向,以类似的方式有序地进行整理。但是,当涉及构建时间的时候,经典型和风趣型就会出现分歧。经典型喜欢安排时间,而风趣型更喜欢灵活处理时间",凯利说。她接着补充道,"组织型和智慧型属于深入思考者,他们以类似的方式进行整理(他们是我们中间的支柱)。但是,当涉及构建时间的时候,组织型和智慧型也会有一些不同的方式"。[6]

认识你自己属于"皮克斯人格"中的哪种类型或者整理风格有助于你认识自己和接纳自己。例如,不要为你的堆积如山的物品感到内疚或羞愧,将文件堆起来很可能是你处理文件最有效的方式。然后,创建一种系统,它可以帮助你把要用的文件整理得更加有序,如将它们整理好装进篮子里。

改变不会立即发生,特别是当你有很多事情要做的时候。你可能无法预测组织一个项目所需的时间,但你能做的是在完成项目之前继续执行任务。保持专注力,这意味着你每天只需花 15 分钟来完成它,你完成的可能性就会更大,并且你可以为挑战更大的项目(比如:整理车库和储藏室)做好准备。

如果一开始进行房间整理工作,你就感到不知所措的话,《家庭饮食》一书的作者珍妮弗·利福德(Jennifer Lifford)给出了如下建议:

> 你可以尝试在家里找一个不大不小的地方开始进行整理工作,它会对你的生活方式产生真正的影响。例如,如果因为你的孩子找不到他们的鞋子,而你又总是把车钥匙放错地方,以至于早上出门时总是很慌乱的话,那么,你需要将混乱的过道、杂乱无章的壁橱、尘土飞扬的房间里的东西整理得井然有序,这样你就可以把你每天的必需品放在指定的位置。如果这样做会太累,那就先从整理抽屉或橱柜开始行动吧。关键是立即行动![7]

接下来的内容,我将为大家介绍一些实用的策略来帮你清理杂乱的房间,使其变得井然有序,确保你家发生实质性变化。

简化房间

要让你家发生巨大变化,最好的办法就是扔掉一些非必需品。我们大多数家庭都塞满了太多的东西。乔书亚·贝克尔(Joshua Becker)在《别让孩子们住在杂物间里》一书中说道:“简化房间比收拾整理屋子更能找到快乐。”[8]难道不是这样吗?

堆积如山的物品通常会让我们的家庭、心智和生活变得茫然不知所措。今年我开始简化我们的房间,我用垃圾袋和包装箱将非必需品打包装车,我整整清理了五卡车的旧物品用于捐赠。我发誓,我几乎没让我家出现任何损坏的痕迹,这个清理的过程刺激我想要丢弃更多物品,我简直忙得不可开交。没有什么东西会让你觉得它是安全的。我丢弃得越多,我就越想丢。每次有一大纸箱物品(里面包装的通常是尿布和纸巾之类的物品)邮寄到我们家里的时候,我总会把需要捐赠的东西塞满纸箱再打包,一个纸箱子就是一盒捐赠品。我在楼上的走廊里还放有一个篮子,通常用来存放不合身的衣服、不再玩耍的废弃玩具,以及一些可作装饰用的小摆设。只要有收纳空间能够装下你要丢弃的物品,你就会剔除更多不必需的物品。

我也非常愿意让我的孩子们参与清理废旧物品,因为这是一个机会,与他们讨论把他们用过的东西捐赠给别人可以怎样帮助贫困的孩子。这种参与机会还能教会他们如何避免过度购买物品,并且当我们只保留真正有用的东西时，我们才会更加快乐。

当你看到自己家里堆满了杂乱无章的东西时，想想那些溢出物品的区域。你的衣橱是不是塞得太满了？你孩子的房间是不是堆满了玩具？一旦开始清理这些区域，你会发现随着清理并丢弃一些物品，房间变得更加整洁，这就促使你更有动力地去清理其他区域。

按类别分类

分类是《改变人生的整理魔法》一书的作者玛丽·近藤（Marie Kondo）倡导的一项原则。她的理论观点是，在你真正清理和净化之前，你需要把某个特定类别的所有东西集合在一起。[9]我发现这在我家里是真的，我家有两层，如果我只打扫楼下的浴室壁橱，我就不清楚我是否在其他位置也放置了相同物品，因为同样的东西可能楼上还有。请花点时间按类别进行分类，这样你就会明白你家被很多物品塞满了，你需要留下什么，哪些物品还需要使用。

把物品悬挂起来

地板上最好不要摆放任何东西。可以在家准备一些挂东西的钩子和行李架。钩子可以帮助你把园艺工具、椅子和珠宝收纳起来。当这些物品被挂起来的时候，你不禁感叹你家多么整洁。我们在大门旁安装了一些钩子，我们将泳池袋和背包挂在钩子上面，在出门的时候就可以方便拿取。这样做只需花三十分钟，立刻就让我们家的事情变得轻松了。

清理物品并归位

我女儿的房间总是乱七八糟的：芭比娃娃、衣服、填充玩具。阿德琳有时间从一场游戏切换到另一场比赛，但却没有意识把她自己的东西收起来。虽然我有箱子和盒子能把她的玩具收纳起来，但对阿德琳来说，不给这些东西贴上标签或放到指定位置就显得毫无意义。一个星期天的下午，我们花了一天的时间在她的房间里收拾玩具，并把她不需要的玩具进行捐赠，剩下的玩具放到指定位置。清理每件物品，并将其归位，这样做可促使她保持房间整洁。

使用箱子和篮子解决收纳问题

对许多人来说，毫无目的地存放物品就意味着这些物品永远不再使用。宽口箱和篮子总是每位职场妈妈的好帮手，因为它们能使清理和收纳活儿变得非常简便，并且人们可以轻松地查找被收纳的物品。你也可以循环使用它们，而且它们的外观通常也很精致。

在我们家里，我们在大门口旁边放一个篮子装鞋。当我的孩子们回家脱下他们的鞋子时，他们就把鞋子放进篮子里。那个简单的收纳工具可以解决我家大门口摆放杂乱的鞋子问题。我们都知道鞋子通常是放在进门旁边的空地上，所以，有人创造了篮子收纳器。明确物品的具体存放处有助于我们确定有效的整理策略。

我们还将篮子放在衣橱和橱柜,用来收纳衣物和其他物品,还用来收装大型玩具。它们既漂亮又易于存放。另外,它们还有助于保持房间整洁。

快速清洁

快速清洁是我妈妈教给我的一个清洁技巧,对职场父母来说,这个技巧非常实用。将清洁产品放在随处可拿的地方,无论何时只要你在房间,你就可以随手拿起稍微清理一下。例如,如果你在浴室,请花30秒把放在洗漱台上的物品快速整理一下。用Windex(窗用吸尘器)擦拭一下镜子,再快速清扫一下马桶。

布里亚娜·肖特(Briana Short)是一位专业的保洁人员,她非常赞成我妈妈的观点。她告诉我们,日常的快速清洁习惯会对我们的家庭产生巨大的影响,尤其是厨房和浴室最容易造成物品堆积。她对厨房清洁给出的建议是:

> 厨房的台面很容易弄脏,上面会有从面包机里洒落的烤面包屑,准备晚餐时遗留的酱汁,以及准备其他食物时留下的菜屑。在水槽下面放一个可放置清洁纸巾的容器,每天抽些纸巾来擦拭一下台面,有利于对台面进行消毒,防止碎片堆积。你能做到吗?用清洁巾擦拭完台面后,擦一擦橱柜,把抽屉上的把手、拉手也清理一下,因为在烹饪食物时,用油

烟或者沾满酱汁和香料的双手拉抽屉往往会使这些部位变得很黏。[10]

赶快让你的家人采纳这些快速清洁的建议以有效保持房间整洁。如果每人每天能坚持做十分钟的快速清洁，那么这种快速清洁就会积少成多。你不必每周专门花几个小时打扫清洁，同时，这种办法也不会让人觉得特别困难。

教育孩子承担责任

教育孩子承担责任可以改变家庭的状况。每个人都需要对自己的事情负责。在孩子年幼的时候教他们培养良好的习惯，让他们对自己的生活负责，帮助家人做点家务，这些都是至关重要的。正如我在最后一章将要提及的，在我们家的浴室里贴了一张简易的清洁表格，上面列出了全家人的日常习惯和家务事。我们的孩子们在获得特权(比如使用电子设备等)之前，必须履行自己的责任完成这些家务活。目前，对我们来说，让孩子承担自己的责任对我们的家庭非常有益，有助于他们在这一生中很好地进行自我服务。

做对你有益的事情

希望这些简单的技巧能成为一个起点，激励你努力创造一个更整洁、更温馨的家园。虽然对于职场妈妈来说既要工作，又要保持家中整洁是很困难的。但是，只要你保持房间有条理并建立系统的清洁体系，你就会发现自己不再会为杂乱无章而心烦意乱。

思考一下你要建立什么样的系统来确保你家变得更有条理，让你不会因为无暇顾及而心烦意乱。当你系统地进行清洁打扫时，你可能需要做一些快速清扫和整理工作。虽然有点儿费时，而且目前看来，可能会是一件麻烦事，但从长远来看，这样做是很值得的。

切记一点，你在杂志上看到的漂亮房间或者看起来光鲜亮丽的物品可能无法帮助你有效地解决清洁问题。乔尼和凯特(Joni 和 Kitt)是专业的保洁人员，她们说：

> 许多人都喜欢把所有食物装进罐子或容器里，然后全部放进储藏室。但并不是所有人都有时间和精力来对储藏室进行定期维护，因为这会给食品采购和清洁整理增加额外负担。同样，许多客户也喜欢把鞋子放进与之相配的盒子里存放。但是，如果这些客户在穿衣服的时候喜欢试穿多双鞋子进行搭配，他们可能会发现，每天把鞋子放回盒子里是很麻烦的事情。在深入研究一件事情之前，你必须仔细考虑这件事情的方方面面，并思考整个过程，而不是只关注成品外表。[11]

正确地做出选择，要让家里的事情变得更容易，而不是更困难。

另外，如果目前的清理策略不起作用，不要害怕改变它。改变清理策略比继续接受挑战和耗费时间更好。

最后，如果你真的在清理策略方面毫无办法，请找一位专业的保洁人员进行咨询。寻求帮助没什么可耻的。通常情况下，家政公司会安排专业的保洁人员为你提供相关咨询，以了解你的问题及家人的需求，然后他们会为你制订一份计划并开始清理工作。专业保洁人员可单独进行清理打扫，也可在客户在场的情况下进行清理打扫，一切按照客户要求进行。有时候，请专业保洁人员到家里来进行清理打扫，可让你们的房间变得焕然一新。但有的客户希望在现场对专业保洁人员的清理工作进行监督，这也是人之常情。

寻求帮助和服务

在伊丽莎白·瓦尔加斯（Elizabeth Vargas）撰写的《呼吸之间：恐慌与成瘾的回忆录》一书中，她讲述了她与酗酒抗争的过程中，在康复中心接受治疗时的一次经历。在这一特定的练习中，要求参与者蒙上眼睛，然后通过一个绳子迷宫。如果他们需要帮助，他们可以举手。伊丽莎白讲述了她不断听到别人传来完成迷宫时的呼喊声，但她继续扶着墙壁，摸索着走来走去。最后，在她撞到第十五堵墙后，她感到非常沮丧，于是她举起手寻求帮助。有人来到她身边，引导她走到尽头。只有在她寻求帮助之后，她才能完成迷宫。事实上，没有人能独自渡过难关。在她这则经历中，康复中心把这个练习作为一个比喻，来向大家说明没有人能独自戒瘾。[12]这个故事深深地启发了我，因为我意识到生活中的各个领域都是如此。我们不应该独自行事。寻求帮助不仅仅是有效的，而且还很有必要。

除了积极地养成好习惯和有目的地进行清理之外，能更好地管理你的家庭的第三种方法是注册服务，这种服务可帮助你节约时间，让你有更多的时间去做你想做的事情。据 2014 年 Care.com（一个服务网站）的一项调查结果显示，四分之一的妈妈表明，她们每周会因身兼多职及完成家务所致的压力而感到痛苦。百分之二十九的妈妈说，她们有能力支付家政服务的费用，但她们会因内疚感而放弃享用这种服务。[13]如果你还在饱受压力、痛苦或内疚感等不良情绪的困扰，我向你保证，我有办法能让你不再被以上不良情绪所困扰。寻求帮助是成功管理好家庭的一项重要技能。

以下是我最喜欢的几种服务：

送货服务

多亏了互联网，几乎所有的事情都可以给你带来便利。亚马逊（Amazon）、塔吉特（Target）、诚实公司（Honest Company）和格罗夫实验室（Grove Collaborative）是众多网购公司中的四家，在这些公司购物的客户可以享受定期送货服务。如果没有提供的送货服务，我就无法有效管理我的家庭。令人难以置信的是，送货服务为我节省了时间和金钱，我也不必专程到大商店去购买家用食材了。

我也会通过时尚电商Stitch Fix、服装订制网Trunk Club、大码女装订阅网Gwynnie Bee、二手电商thredUP、个性化珠宝设计销售平台Rocksbox进行网上购物并享用其送货服务，我会直接让他们将我需要的衣服和配饰寄给我。例如，当我需要购买秋季新款黑色靴子时，我会发邮件给我在Trunk Club的造型师，表明我想要购置的鞋子，一个星期之内，十双靴子打包寄来了。我在家里试穿了所有的靴子，只留下了一双，将其余的鞋子重新寄回去，我只需要支付我留下的那双。有了这项服务，我就不必去多家商店试穿鞋子。而且这项服务可以直接按照我的意愿提供我所需要的东西。对你经常去的商店考察一下，看看你是否能找到在线服务，省去逛街购物的麻烦，并为你节约时间。

送餐服务

各种送餐服务可以省去采购各类食品以及制订餐饮计划的麻烦。食材电商Blue Apron、食谱化原材料订购服务Plated、纽约健康美食外卖的虎嗅网Freshly、生鲜食材电商HelloFresh都能为你提供新鲜的原材料和食谱，这些服务平台有助于你在家里轻松制作美味佳肴。你还可以享受其他服务，如Schwan公司可以提供冷冻物品。此外，越来越多的本地杂货店、塔吉特百货、山姆俱乐部、希普特和英斯塔卡特等公司都提供食品杂货提货或送货服务，并收取少量费用。我所享用的这些服务，虽然它们有时花费昂贵，但它能帮我节省时间和预留空间，我认为这些服务值得拥有。我还发现这些服务能帮助我提前计划膳食，不再浪费粮食。

清洁及家居维修服务

对于那些你似乎无法完成的家务活，你可以考虑聘请一名专业的保洁员。我们家的卫生清洁在很大程度上依赖于专业的保洁员，他能确保我们家变得整洁有序。每两周一次的清洁服务让我内心平静，因为我知道他们正在擦洗地板和浴缸，正在更换床单，等等。他们只需要两小时就能完成的任务，我们全家很可能要花周末一整天的时间来完成，而且他们会做得更好！这是我每月值得支付的一笔费用。

如果你关心价格，可以在当地的邻里团体、高朋网和 Craigslist 分类网站询问价格，寻找一个收费合理的保洁团队。

保持良好的生活作风

一旦你让全家养成了良好的习惯，制订了有效的清理策略和服务计划，那么请为了你们的温馨生活而保持这种生活作风。这样做将有助于确保你们对家庭的满足感。

盖尔·M·格伦伯格（Gayle M. Gruenberg）是一位专治"凌乱问题"的保洁员，他同意上述说法，他说："定期和持续的维护是保持整洁的关键。即使生活变得忙碌，事情变得杂乱无章，当生活安定之后，可以花一些时间来收拾整理房间,干净整洁的房间会促使我们迅速回到自己的温馨家园。”[14]

从每日的快速清理到定期调整,再到每年评估哪些物品有用,哪些需要丢弃,不同物品的维护保养存在差异。专业清理人员杰斯·诺埃尔(Jess Nowell)建议,每天打扫卫生是保持家庭有序、整洁最有效的方法之一。

> 你可以通过一些项目、指定时间以及其他任何你所能采取的措施来完成每日的快速清扫,这样,家庭成员基本上就能够养成习惯每天确保把物品归位。因此,每个人都会觉得自己有责任确保五种物品归位,或者会激励他们在五分钟之内进行快速清扫,看看自己能清理多少物品,或者在自己值日那天将屋内所有房间逐一进行清理和检查。查找对你家人有用的东西,保持房间的整洁性。[15]

保持房间整洁需要投入时间和资源。千万不要破坏房间的整洁度,你要珍惜花费九牛二虎之力完成的清理工作。

打造优雅的家居环境

谈及我所钟爱的家庭时,无论在现实生活中、在杂志上或是在网上，我爱优雅的家居环境是因为它能给我带来美好的感觉。我们不能在昂贵的物品或正式的客厅里发现这种美感，它体现在照片墙上挂着的我们家庭成员的照片、画廊墙上挂着的一幅幅名言警句里、桌子上摆放的五颜六色的鲜花或者柜台上放置的一碗水果里。

我们被家务活所困扰，但并不意味着我们就无法在其中发现或创造美。事实上，我相信花时间创造美和清理一样重要。没有比你的家更好的地方了。所以，多投入些时间和精力，让你和你的家人都能感觉到美。你想让它对你说点什么？你想和它分享什么故事呢？

一个星期六的下午，我连续写作六个小时之后就下班回家了。我丈夫决定做几件差事，我的大儿子在外面和邻居们一起玩。我的两个年幼的孩子在一起玩，我只有一个选择，我要去收洗干净的衣服，然后折叠收好，我真的需要马上做这件事情。或者我还可以给我们的家创建一个新的画廊墙。10 个 8 cm×8 cm 的木纹相框刚送货到家，我很想把它们全部挂在墙上，把丈夫环游世界的照片创建成一堵照片墙。这是我几个月来一直考虑要做的事情，现在终于可以做自己想做的事情了。

这其实不是一个困难的选择。我决定把洗衣服这件事情先放一放，等我设计完画廊墙之后再做。我知道当我爬上楼梯看到它展现在我面前时，我会看着这件作品微笑。而且我的家人看见了也会微笑。

结果，我创建出来的这堵照片墙真的很漂亮，这是一项令我引以为傲的工程。

但并不是所有的美都需要创造出来。美，无处不在。可以出现在公主礼服的衣兜里,出现在前廊妈妈的罐子里。它就像早晨的阳光在窗户里流动。当你改变自己的视角,每天在家里发现美的时候,你就会发现自己的满足感和生命的完整性。

珍惜你的勤劳之家

迈奎琳·史密斯(Myquillyn Smith)是我亲爱的朋友,对大多数人来说,她是居家缪斯,也是畅销书籍《筑巢之地:它不一定要完美才能美丽》一书的作者。她在接受我采访时这么说:

> 为家人服务的勤劳之家永远不会是最完美的。这难道不是一种解脱吗?我们不会每天对照镜子将自己的模样和我们的婚礼照片进行比较,因为那是一个特别的日子,我们请来了一支专业的团队帮助我们在那天看起来最好!我们也不应该把我们的家和杂志上的家居照片做比较,因为在专业的团队帮助下才让杂志上的房子看起来很棒。家只有在被使用的时候,才能成为让人幸福的港湾。[16]

你难道不希望把你的房子变成一个“勤劳之家”吗?它能让你的思维从完美转变为实用。你需要知道你的家在某一个地方,在那里你很自由,这里有你在这世界上最爱的人,也有为你倾力付出所有的家人。家是让你能谈笑风生、吃喝玩乐、能够随意“捣乱”的地方，那里一切都很美好。当我的孩子们离开家时，我想让他们体会到自己的家是能给予生命，充满了欢笑、蕴含真理、潜心祈祷和表达爱意的地方。即使这个家看起来不能与玛莎·斯图尔特（Martha Stewart）设计的起居室相媲美，但我们能在这里做我们想做的一切事情。

如果你在家养成了良好的生活习惯，具备一定的秩序意识，通过寻求专业服务的方式帮助你节省时间、金钱和精力，你就会有更多的精力应对当你是职场人时那些对你来说真正重要的事情。

09

职场妈妈不是一座孤岛，我们也需要朋友

Stretched Too Thin

你很重要,你生命中的人也很重要,

在其他人身上付出的时间和精力绝对不是浪费。

作为一个职场妈妈,你的成长需要培养各种友谊,

请为你的朋友腾出时间,伸出援助之手,

当你有困难需要帮助的时候,

他们就会出现在你身边。

一年一度的五月节到了，我们邀请了老朋友艾丽（Ally）和布莱克（Blake）到我们家里吃晚饭。我们是在教会认识并成为朋友的，但在我们参加了不同的教会之后，就很少见面了。虽然艾丽的模样经常浮现在我的脑海中，但我总因为手上有要紧的事情需要处理而从来没有给她打过电话。她也是一位母亲，还要给四个孩子辅导功课，我想她也很忙。我太思念她了以至于我决定给艾丽发一条短信，邀请他们到我家来吃晚饭，她欣然同意了。

那天晚上，我们一边吃薯片、萨尔萨酱和玉米饼汤，一边谈笑风生，又哭又笑地持续了好几个小时。我们沮丧地倾诉着我们在教会与其他人结交朋友的过程中所经历的痛苦和伤害，他们也敞开心扉地与我们交谈，我们认真倾听着。当他们要离开时，我们一起祈祷，并且深情相拥。这是我这一整年所经历过的最美好的一个夜晚。我永远不会忘记这一夜，因为这一夜让我明确意识到真正的友谊应该是什么样子。那天晚上，我真正地体会到了什么是"为人所知，亲眼所见"。

虽然我忙于处理工作日程并且还要承担太多责任而没有充裕的时间，但每当我回首那晚，我就意识到培养友谊的重要性。与此相反，我们常常把与朋友联系、会面的时间推迟，也许会延期到下周或下个月，或者推延到我工作不太忙的时候。我们没有把友谊放在第一位，当几个星期变成几个月时，我们发现自己会感到孤寂，我们或许会再三权衡是否应该给朋友发一条短信或打一通电话。我们会花时间浏览 Facebook 和 Instagram，让屏幕来取代朋友之间的真挚情谊，但人为创建的社交媒体不能取代与我们的挚友真正一起相处的美好时刻。

我的朋友纳迪亚(Nadia)是一位瑜伽大师,也是三个孩子的妈妈,她认为:“社交媒体创造了比我们想象中更多的‘友谊’和‘关系’,然而,当前比以往任何时候都更缺乏真正的人际关系,因此,我们变得如此孤独。与其他女性朋友建立真实的、有意义的、健康的友谊是非常有必要的,这就需要我们投入时间进行一对一的联系。”

她补充道:“当你回到古代,甚至追溯到圣经时代,女人们每天都会围坐一圈、搭个帐篷,聚集在一起聊天,慢慢变成了朋友。这种友谊促使她们形成了自己的部落,她们组建而成的部落能够保障她们一生相安无事。姐妹情谊是妇女生活中最强大和最重要的一个方面,这种情谊有助于女性朋友们改变她们现在和未来的生活方式。”[1]

在我进行的调查中,超过50%的职场妈妈说,她们发现友谊、教会、团队职责和社会义务很难兼顾。我想在这一章节集中讨论“友谊”这个话题。因为我知道,对大多数身为职场妈妈的女性朋友而言,在工作过程中维系友谊会成为一种挑战。你拥有工作、拥有家庭不能说明你不应该去结交朋友,请为你的社交活动腾出时间。是的,你的其他责任会让事情变得更复杂,但是拥有值得信赖的朋友,受到伤害时,可以和别人一起抱头痛哭、一起谈笑风生那种感觉是非常重要的。友谊为你提供了一个避风港,让你成为最真实的自己。

友谊对于你的孩子们来说也很重要。我想让我的孩子们看到妈妈爱别人,别人也爱妈妈。遗憾的是,有时候,如果因和朋友见面而感觉时间紧张时，职场妈妈通常会牺牲与朋友会面的时间，因为她们会为离开孩子而感到内疚。如果你是这么想的，请你相信，当你花时间和朋友在一起聚会时，你的孩子会更好。你会发现自己变得精神饱满、干劲十足，你希望自己能更多地和他们在一起。同样，你的孩子们也会像大人一样在交友过程中体验到这种经历的真实性。

好吧，现在我们知道友谊的重要性了。但是，为友谊腾出时间会是什么样子，出现什么情况呢？我们首先考虑一下你可能会去什么样的团体，你可能会去哪里打发时间。你可能需要调整你看待这些地方的方式。例如，你认为工作场所只是你去工作的地方，还是一个你每天都能和喜欢的人在一起相处的地方呢？当我向你介绍以下观点时，考虑一下你自己的观点，以及你对当前在不同地方遇到的人会是什么态度。

工作中的友情

研究表明，如果能在工作中结交朋友，他们会是更快乐和更优秀的员工。例如，得到全球员工认可的O.C.坦纳公司进行的一项调查发现："75%的员工在工作中有最好的朋友，他们认为自己有能力承担任何事情；与之相比，58%的员工在工作中没有最好的朋友；72%的员工在工作中有好朋友，并对自己的工作感到满意；而在工作中没有最好朋友的员工中，这一比例占了54%。"[2]

喜欢与你一起共事的同事们。与别人在一起不要只为了工作,要深入了解他们的生活状态。当我面试目前这份工作时,我问他们的企业文化是什么样的,因为对于我来说,员工之间是否能和睦相处非常重要。

尝试着邀请同事共进午餐,举办一场聚餐,或者抽出时间简单地进行交谈。多年来,我的同事成了我最亲密的朋友,他们知道我每天的快乐和奋斗目标。我们一起参加过婚礼、生日派对和迎婴派对,并在无数的场合一起聚餐。

我发现在工作中培养友谊最好的一个方法就是在工作之外聚在一起。因为我喜欢阅读,所以我创办了一个办公室女士读书俱乐部。我们实行每隔一月轮换一次,这种方式为我们深入了解彼此提供了一个良好的途径。当我们在创办这个俱乐部的时候,我们会在晚餐后聚集在一起,一边谈论读书心得,一边享受清淡的开胃菜或甜点。随着时间的推移,我们意识到下班后的聚会对每个人来说都很方便,于是,俱乐部就变成了文学晚宴。我们借着烛光制作了很多食物,从著名的纳什维尔烧烤到自制卤汁面。每顿晚餐都包含了自己制作的缘由,让人难以忘怀,我们也享受其中的乐趣。两年之后,这种阅读习惯已经渗透到我们的办公室文化中。我们会滔滔不绝地谈论我们在读的书籍,彼此分享副本,并在个人层面上相互联系。如果有人辞职离开或找到了其他工作,她们仍然是读书俱乐部的成员,以此作为保持联系的一种方式。我从来没有料到邀请我的同事们一起阅读会给同事们带来意义深远的经历。但我很高兴的是这种相处方式的确颇具意义。

如果我生病住院，我的同事们也是百分百地给予我支持和关心。从我生孩子到我需要进行大手术，他们总会第一时间跑到医院给我捎来食物，把礼物篮放在一旁（当你在家的时候，礼物篮里装的巧克力和口罩对你来说绝对是好东西），对我嘘寒问暖并为我打气加油。当我患上脓肿需要紧急手术引流时，我给我办公室的闺蜜考特尼（Courtney）发短信告诉她我的情况。同样，在她生第一个孩子时，我也是第一个跑到医院的人。我不知道没有她我该怎么办。

无论我们是全职工作还是兼职工作，我们的同事都会花很多时间和我们在一起。他们是最了解我们的人（如果我们也是这样对待自己的同事），我们可以和他们一起聊家常小事或一起参与重大活动，这对我们非常重要。

如果你是自由职业者，考虑一下如何在工作中培养团队。也许你每周只有一天在咖啡店工作，或者你在租用的公用办公室里面工作。如果你所在的团队组建有一个脸书群，也许你可以写一篇文章询问其他的个体经营者是否愿意聚在一起工作。与其他人聚集在一起无论是对你个人还是对你的职业都有好处。

一些自由职业的女性发现，她们的事业有助于培养友谊。例如，希拉里·哈（Hillary·Ha）通过青年生活让自己的事业大获成功，并且她在工作过程中结交了很多朋友，也建立了深厚的友谊。一些朋友想要加盟她的事业，她们每周都会举行私人会谈和专业交流。她们可以参加会议，召开电话会议，面对面进行会谈，并可以在 Facebook 上进行互动。如果其他人举办了社交聚会，希拉里会将生意战场转向社交聚会，她会借助社交聚会向参会人员推销精油，并与她们共享美好时光。[3]

不管你从事的是什么工作，工作场所都是你花费大量时间的地方。因此，你需要考虑如何在你的工作中培养团队，无论是站在个人角度还是站在专业角度来讲，这对你是否获得成功起着至关重要的作用。如果你还没有付诸行动，现在开始努力改善你和同事间的关系。

与其他孩子的父母建立友谊

积极参与孩子的学校活动以及课外活动也是结交朋友的好途径。虽然一开始你可能会感到害羞，但从孩子的共性入手，然后再深入交流。很快你们就会交换电话号码，并会找借口聚集在一起。

当我儿子第一次加入一支新的足球队并和同伴们一起踢球时，父母们相互都不认识。但是在接下来的几个月里，他们足球队中有些孩子的父母成了我在纳什维尔最亲密的朋友。对父母们来说，足球和在球场上踢球的男孩们一样有趣。

尼娜(Nina)是两个孩子的母亲，也是一名全职的警长副官，她晚上要值夜班。她十三岁的女儿是一名竞技体操运动员，每周会在健身房里锻炼十五个小时以上。由于尼娜的工作要求苛刻，发展信任关系非常必要。她说:“因为我的工作性质,我几乎没有时间来发展信任关系。但是,我很高兴的是,我可以信任团队中的其他家庭。”[4]团队成员的父母通常会聚在一起相互照顾孩子们,如有父母不在场时,其他父母会帮助孩子们。孩子们也会成为很好的朋友,他们可以结伴一起去参加比赛和其他社交活动。

与孩子们的朋友的父母建立友谊,有助于我们相互做伴,并且还能相互帮忙照顾孩子们。与此同时,在个人和实际层面上,我们能够发展互惠互助的关系。

与邻居们建立和睦友好关系

了解住在你身边的人。邀请他们来吃晚饭,你们见面时要主动与他们交谈。我和我丈夫在我们的社区生活了四年半,我们家与其他四户人家都住在社区的一个小巷子里,当我们意识到我们只和一个邻居吃过几次饭,这对于像我这样渴望社区生活、喜欢分享食物的人来说,就像是一场闹剧。为了避免这种情况再次发生,我决定在社区群里群发短信,邀请每个家庭到我家来参加小型的社区聚会。邻居们都欣然同意参加聚会。每个家庭都为能聚在一起而兴奋,大家都想知道为什么我们现在才决定举办社区聚会。

当周末的聚餐来临时,我既期待着它的到来,也会对聚餐感到有些茫然不知所措。我的一项写作任务正赶上最后的交稿期限,我认为我不应该耗费太多时间在娱乐消遣上面。很明显，我的这种想法不对。那天晚上，我们和我们的邻居们聚在一起交谈令我们难以忘怀。我们坐在一起聊了两个多小时，我们有说有笑，非常开心，我们对彼此都更加了解了。邻里聚会是我梦寐以求的生活，我们需要的只是向邻居们发出邀请，取消其他日程安排。

作家克里斯汀·谢尔（Kristin Schell）用一张绿松石桌来了解她的邻居。她在给一张绿松石野餐桌涂上漆之后，把它放在门前的草坪上。然后，她开始筹划“相聚星期五”的活动，然后，她就邀请邻居们到她家庭院聚餐，并在一起度过了一段欢乐时光。《好管家》杂志上刊登了一篇文章，上面说：“我们都渴望通过有意义的方式与别人相互联系。当我长大的时候，我们总是待在自家院子里，没有和邻居们建立任何联系，直到有邻居打电话邀请我到他家共进晚餐。我也想邀请我的邻居们到我家聚餐。”[5]

克里斯汀的想法正好反映了我们共同的心愿：“待人友好，为人所知”。她的例子促使我们全家把家里的阿第伦达克椅搬到我们家门前的草坪上，并在一旁摆放一个火坑。这些椅子已经成为公共设施，便于邻居们、孩子们和父母们坐下来闲聊。偶尔放松一下大脑也没什么坏处。

如果有新邻居搬进我们社区，趁此机会伸出援助之手，并为他们的乔迁之喜送上一份小礼物以表示欢迎和友好，准备一点饼干或蜡烛总会是不错的选择。当我们的邻居决定要重新建造一座新房子并要搬离我们社区时，我们就会祈祷好几个月，希望搬进来的新邻居家里有小孩，最好是和我们的女儿阿德琳年龄相仿的小孩。当我发现搬进来的新邻居家有两个孩子，其中一个孩子的年龄比我们的小女儿还小几个月的时候，我开心地哭了。他们搬进来后的第二天，我们把散发着清香味的清洁用品和厨房毛巾装进篮子里，提着它去邻居家串门。姑娘们简直是一拍即合，尽兴地一起玩了一个多小时。当我和阿德琳准备回家的时候，她们相互拥抱着道晚安，阿德琳高兴地对我说："我交了一个新朋友！"

她们和睦相处并迅速建立起友谊提醒我建立友谊并不复杂。在接下来的几个月里，我们与新邻居进行了深入交流，享受着和睦共处的美好时光，我们相互分享自家花园种植的蔬菜，又轮流在各自的屋顶聚餐。这样的相处模式并不复杂，因此，这种简单的行为为我们建立和睦的邻里关系奠定了基础。

建立互惠互利的友谊关系

我们也可以与有共同的兴趣爱好或习惯的人交朋友。也许你习惯经常出入一家会所，并且你发现你在那里经常会看到有一位女士出现。立即上前跟她说话！很有可能她也需要一个朋友。如果你的日程安排允许的话，你可以到当地社区的组织机构里申请做志愿者。在那里，你很有可能会遇到圈外人士，同时你也会因为为社区贡献了自己的微薄之力而乐此不疲。

教堂是寻找社区服务的另一个好地方。无论是星期天坐在教堂长椅上，还是在儿童部做义工，或是参加一个小组活动，你都已经和那里的人有了共同之处，去同样的场所参加礼拜。你可以在那里尝试着去了解一个陌生人，你也可能会在那里结交新的好朋友。几年前，在一座新教堂里，我丈夫马修遇到了一位大学里的老熟人，名叫托德（Todd）。我和他的妻子安吉（Angie）简直是一见如故，非常有默契。他们还邀请我们到他们家吃晚饭，其余的都成为了历史。安吉和托德是我们长子的教父，他们也是我们最亲密的朋友，这一切都要归功于那一天我们在教堂的偶遇。马修教会了我很多生活哲理，当你开始和周围的人交谈时，你会发现生活是如此美好。我们仅仅是通过交谈就认识了这么多有共同兴趣爱好的人。教堂是结交新朋友的好场所，但我们也可以在其他地方邂逅新朋友。

布鲁克（Brooke）是一位育有三个孩子的职场妈妈，她在教堂里当志愿者，她和她的丈夫在教会为青少年服务期间结识了许多亲密好友。在礼拜完毕之后，他们经常会邀请他们的亲密朋友共进晚餐。他们认为几家人在一起团聚的好处之一就是他们能够带上孩子们一块儿与朋友们交流。这就实现了双赢！

你有哪些兴趣爱好和习惯可以为你结交新朋友提供机会呢？注意你所在场所里的人，下次你看到他们时，请立刻上前与他们进行交谈。

为建立友谊腾出时间

前面,我们已经讨论了参与社区活动结识新朋友的几种方式,接下来,我们来具体谈谈如何实现这一目标。经常会有职场妈妈说:“我只是没有时间。”我明白你的问题了。最近,我既要全职上班,还要着手我的写作项目,我在一周工作近60个小时。因此,我的时间也很紧缺。但你猜怎么着?我还可以在足球场和五个妈妈聊天聊一个小时,和一个朋友一起吃午饭。因为我在工作中和同事建立了和睦的同事关系,所以,白天我都是和我喜欢的人在一起工作40个小时。在回家路上,我还和一位老朋友打电话聊天。结果,我的这一周过得非常充实。因为我工作非常繁忙的时候,我的一帮好朋友们会让我精神抖擞、自信满满地处理各项事务。

卡拉·文森斯(Cara Vincens)是一位育有六个孩子的职场妈妈,她认为每个人都有时间建立友谊关系。

> 和朋友们在一起的时间总是稍纵即逝,就像你在社交媒体上感觉时间很快就会过去一样。每个人每周都能为朋友腾出一两个小时。计划在你的孩子正在练习足球的时候和朋友一起喝杯咖啡闲聊,或者在你送孩子上学后的休息日和另一位妈妈一起吃早餐。晚上一起上工艺课怎么样?你也可以一边工作一边聊天。当孩子们来玩的时候,邀请他们的

妈妈带上孩子们一起来玩。如果你家有学龄儿童，你完全有机会结识新朋友，但重要的是你要设法建立深厚的友情，而不只是在操场边驻足闲谈而已。[6]

就像卡拉所说的那样，我们都有时间建立友谊。我们只需要发现并抓住培养人际关系的机会。我们还需要认识到，友谊不仅仅是坐在泳池旁边喝饮料边闲谈而已。友谊不完美，有时也会让人沮丧，需要我们花时间、精力去经营并维系。正确认识现实生活，接受人际关系的不完美，它是让友谊扎根并使其成为你生活中优先事项的一个重要部分。

当需要为友谊腾出时间的时候，不要因为它融入了你的生活而让你心烦意乱、不知所措。请考虑以下事实的重要性。

把时间花在对你重要的事情上

请把时间花在你认为值得的方面。当然了，如果你确实有时间，请不要安于现状。

每年，我会安排1~2次和朋友一起的旅行，我和我的朋友们在旅行中会在一起度过美好的时光，不谈论工作，远离孩子，让自己彻底放松休息。我其中的一次旅行是和一群作家朋友一起进行的。我们第一次旅行是去希尔顿黑德旅游，如果说这种旅行改变了我的生活，那还是一种轻描淡写的说法。我不知道放下工作，远离家庭，和其他女性朋友在一起待上几天是否会有强烈的满足感,我也不在乎海滩的具体位置。那次旅行对我来说已经是势在必行的事情。为了那次旅行,我不断存钱,我的工作计划和家务安排都紧紧围绕它而展开,我期待着每年都有这样的旅行机会。我喜欢那种周末旅行的感觉,旅行完毕之后,我总会变得精神抖擞、活力四射。

虽然,我知道旅行并不一定适合每个人,但重点是,当你认为某些事情很重要的时候,你会竭尽所能地去做这件事情。如果你需要一次和女性朋友的旅行,甚至只是和朋友共度一个美好的夜晚,那就赶紧精心策划一下吧。你可能会认为友谊很重要,所以请把它作为优先事项处理吧。

你需要努力去改变

如果你感到孤独,并意识到没有广阔的朋友圈,你需要尽一切所能改变这种状况。主动地认识邻居,去教堂当志愿者,主动与你的同事交流。

柯尔斯滕(Kirsten)是一位职场妈妈,她意识到在她的生活中友谊很重要。几年前,她通过在教会报名参加了为期六周的圣经学习,并在学习期间认识了该团体中的几位女性朋友。她们都表示自己在生活中缺少朋友,感觉很孤寂,因此她们一拍即合,决定在圣经学习结束后经常联系,参加聚会。这些女性后来都成为柯尔斯滕最亲密的朋友。有时候,她们相约外出吃饭,有时候她们会去某个人的家里共度美好时光。她们能成功建立深厚的友谊之情，其最大原因是她们都聚在一起。她们绝对不会让任何事情耽误她们的聚会。

这让我想起有一段时间，我和马修与我们的朋友本(Ben)和梅利莎(Melissa)经常聚会，我们两对在一起聚会近一年时间。在这一年里，我们经常为了聚会而调整时间及工作安排，但由于诸多原因，我们一起聚会的时间不得不被取消。但有一天，我突发奇想，我给梅利莎发短信邀请他们晚上一起聚餐，因为我和马修在那天晚上请了一个保姆，我们可以外出共度美好之夜。他们也恰好有空和我们共进晚餐，就这样，我们一起度过了一段美妙时光，但如果我们不想和朋友聚会的话，那这样的约会就永远不会发生。

你必须为友谊而付出努力

我发现为了能和朋友聚会，我会抓紧时间完成任务。我会给朋友打电话或发短信约他们吃午饭。为了友谊，我赴汤蹈火，但我的付出也得到了丰厚的回报。如果我不努力培养友情的话，我不知道我是否还有机会和一些人做朋友，因为我往往是聚会的发起者。然而，我对此并不介意，因为我的那群朋友都是忠厚老实之人，他们对于朋友间的聚会只是不积极而已。

不幸的是，有时一段友谊会让你感到它的片面性，你会理智地判断它是否值得你继续为之付出努力。我有相当一部分的朋友，他们只是我的生命中的过客而已。有时候他们搬走了，我们自然就没有那么亲近了，也有时候我竭尽全力想维系好这一段友情，但这种关系显然又不能满足我们相互之间的需求。要想在两者之间找到平衡点并非那么容易，然而，他们却是我生活的一部分。有时候，你必须为了彼此之间和睦相处而倍加努力。

伊丽莎白（Elizabeth）是一名设计顾问，她的事业可谓是蒸蒸日上，但她对待事业非常苛刻。她和另外一位女性朋友既是好朋友，也是邻里关系。不幸的是，这位朋友搬走了，伊丽莎白努力抽出时间与她联系。但这位朋友没有在这段关系上付出太多时间和精力。（这种事情也会发生在我们所有人身上，难道不是吗？）后来，伊丽莎白接到了她的电话，出乎她的意料之外的是，她得知她的朋友患了癌症。突然之间，她改变了她的日程安排，她拼命为她的朋友腾出了时间。伊丽莎白经常打电话约她一起出去吃午饭，当她朋友身体不好的时候，她会去看她。在那段时间，伊丽莎白意识到为了照顾别人的生活而腾出时间有多么重要。她说："我放下工作听她倾诉对我有好处。当我对她大声说话的时候，我会感觉自己既愚蠢又小气，但这些经历对我来说是一种改变，也是我真正想要努力做好的事情。我不想因为她患有癌症而终止我们之间的情谊去关注别的朋友。"[7]

你必须把与朋友聚会排上日程

多年来，我发现我的工作日程上面必定会记载安排朋友聚会的时间，就像我安排工作会议、和医生预约检查身体一样重要。对我而言，吃饭是为朋友们腾出时间的必要条件。上班前,我大部分时间是和朋友一起喝咖啡度过的,在一小时的午餐休息期间我们也会聚在一起。虽然你的日程安排可能与我不同,但我敢打赌,你每天也有吃饭、喝咖啡的时间。你能把一两顿用餐时间变成与朋友聚会的时间吗?

你必须接受自身的不完美

当前,许多女性朋友都会羞于展示自己的不完美之处,以至于让这种不安全感阻碍了友谊发展。请接受不完美。职场妈妈卡西(Cathy)分享了她的经历,她说:“人们都会有脆弱之处。他们不愿意你去拜访他家,除非他们的房子完美无瑕,或者他们不装修。我的邻居就是这种人。她说,‘我不是那种你可以随便拜访的人’。我说,‘我恰好就是你所谓的那种人’,我知道她很感激我。每次她来到我家,她都会觉得很舒服,我也很喜欢她的到来。”[8]卡西的外向性格表明了她愿意为朋友腾出时间,同时也展示了她的价值观——敢于说真话。她说:“我的生活并不完美,我个人也不是十全十美。因此,你不必客气。”这番话有利于她正确处理生活中的人际关系。卡西愿意接受自身的不完美,我们可以学习她的坦诚态度,并能从中获益。当我们大胆说出“我家大门常打开,欢迎你们走进我们的生活”时,这番话语不但可以加深彼此之间的情谊,还能促使我们的邻里关系和谐发展。

朋友，是生命中不可或缺的人

我们每天都有许多待办事情需要处理，为什么我们要花时间、精力来发展友谊呢？友谊能够产生巨大的影响。以下观点揭示了友谊所起的重要作用，以及我们需要花时间、精力发展友谊的原因。

朋友会让我们变得更加勇敢

去年夏天，我和十五个女性朋友一起去坎昆旅游。我们这一行人都是作家，趁这个好机会，我们可以暂时放下临近期限的项目，摆脱繁重的家庭责任，让自己彻底放松，尽情享受这美好时刻。我们花了很多时间坐在海滩上一边享受日光浴，一边倾听海浪的撞击声，分享彼此的内心感受。当我们坐在那里的时候，我们不断地看到有人在玩水上滑翔伞，他们头顶上的黄色帆布从美丽的蓝色海面上高高地掠过。

一般来说，我不是一个爱冒险的人。但是，此地的风平浪静和如画似的风景使我想到空中去感受大自然的静谧与美丽。所以，我问随行的朋友是否有人想和我一起去玩水上滑翔伞。一开始，只有珍妮弗(Jennifer)一个人说："我去吧，我相信我完全可以的。"相互交流两天之后，另一位朋友莉萨(Lisa)向大家宣布："我也想去尝试一下。"那天下午，我们三个人各花了 65 美元，登上了一艘白色的出租船，这艘船把我们载到了远离墨西哥湾的地方，随后我们又上了一艘汽船。

当汽船冲向水面时，我感觉到我的肚子凹陷得越来越厉害了。你知道我指的是哪种感觉，感觉自己就像在坐过山车，它正慢慢地爬上山顶。只是我们还没有到达空中。我的朋友们问我感觉怎么样，当我回答说“我很紧张”时，她们俩人笑着向我保证说这种体验一定会很棒。

我们一上船，船员们就帮我们系上了安全带，然后他们塞给我们三人一根铁棒，再用金属夹子把我们三人相互绑在一起。我们三人只能一起飞，没有回头路。

帮助我们捆绑的一个男人名叫贝尼托（Benito），他看着我的眼睛说：“不要害怕。笑一笑。松开你的手。一切都会好起来的。”我点了点头，深吸了一口气，假装对着镜头微笑。这时候，绳子开始伸展，我们也逐渐上升了。

当我们在空中飞得越来越高时，我的心跳加快了。莉萨和珍妮弗一直在问我感觉怎么样。最后，微风、景色和她们的话语使我变得勇敢起来，我的心跳减慢了，手和腿也放松了。我们看到了最壮观的海景，蓝色的大海看起来就像是一部由皮克斯制作的电影，我们还看到一只巨大的海龟在海藻中游泳，这是我生命中最美妙的时刻。如果没有我的朋友与我相伴，我永远不会如此勇敢地去体验这种极限运动。

当我们不确定自己能够做什么的时候，朋友们总会助我一臂之力，让我们敢于接受挑战。

朋友会为我们提供一个避风港

有时我们需要把事情说出来,而朋友往往是鼓励我们大胆说出心里话的传声筒,朋友会为我们提供一个安全的场所来应对挑战,分担我们的忧虑,倾听我们内心最纠结的想法,让我们成为最真实的自己。在我生命中的许多时刻,我和朋友们之间的相互交谈会让我变得足智多谋并能正确做出选择。同样,对于需要向我倾诉的朋友来说,我这里也会是他们最安全的避风港。通常情况下,这种分享并不是为了寻找到解决办法,而是我们在寻求解决办法的过程中,有一个人能在我们身边支持我们。

陪我一起哭的朋友

2008 年,我的朋友安吉与我同时怀孕。(是的,安吉就是我在前面的章节所提到的我们在教堂认识的那个朋友。)她的预产期在五月份,而我的预产期是在七月份。我们立即着手计划,希望我们的孩子(安吉的第四个孩子和我的第一个孩子)能成为最好的朋友。我们憧憬着随着我们孩子的到来,我们的生活将会发生怎样的变化。但我们没想到的是,安吉的女儿奥德丽(Audrey)被诊断出患一种疾病。正如医生所说,这种病会使她生活困难,行动不便。在接下来的几个月里,安吉多次抱着我痛哭。

我永远不会忘记奥德丽出生那天是 2008 年 4 月 8 日。她只活了两个多小时。奥德丽去世后不久，我就到了医院，我也无法忘记当我抱着奥德丽的小身躯时，我的儿子在我的肚子里拼命踢我。在那一天，让她体验短暂生命中的美丽与痛苦是一件多么悲哀的事情。在接下来的几天和几个星期里，我抱着我的朋友哭了很多次，因为看着她痛苦的样子，我也备受折磨。

友谊以最深刻的方式让我们团结在一起。当我们受苦受难的时候，我们会主动靠近受难的朋友。不要独自经历那些时刻，这是上帝对我们的一种恩赐。

当我们有需要的时候，朋友会走近我们

我会无数次想起在我的生活遇到困难时，朋友们向我伸出了援助之手。当我去医院生儿子的时候，朋友们帮我照看我的孩子；帮我从杂货店里拿一加仑牛奶，这样我就不用在恶劣的天气里专程跑出去买牛奶。当我丈夫出差一个月的时候，我为繁重的工作日程和照顾孩子而苦恼时，幸亏有我的朋友帮忙，他们替我分担了很多忧愁。他们总会走进我的生活，发短信来关心我的生活状况，并表示愿意帮我照看我的孩子，他们甚至专程过来帮我叠衣服。我原以为那个月我的生活会非常困难，但我的朋友们为我提供了生活保障，为我免去了担忧。

当我给我的孩子们报名夏令营时，我总会给我认识的朋友发短信，因为他们愿意搭便车，这让我们的生活更加轻松、愉快。我和我的邻居们已经成为亲密的朋友，我知道我可以随时向他们寻求帮助。

我姑父在安养院的那段时间,我姑姑社区的朋友给予她很大的支持,这些朋友坐在一旁陪着她,给她送饭,为她跑腿,在最困难的那段时间里,她的朋友们让她靠在肩膀上痛哭。在姑父去世后,我姑姑告诉我,当一个挚爱的人离你而去之后,你会发现,有一个要好的朋友会有多么重要。

《纽约时报》引用了2006年对3000名护理乳腺癌患者的护士进行的调查研究,研究表明:"没有亲密朋友的女性死于乳腺癌的概率是有十个或更多朋友的女性的四倍。值得注意的是,生存与朋友的距离和接触量无任何关系,只要有朋友就好了。[9]"这简直太神奇了,对吧?

在当今快节奏的生活中,尤其是当你还是一位在职场打拼的父母时,拥有愿意走进你的生活并为之提供帮助的朋友会对你的生活产生巨大影响。

我相信很多职场妈妈都会想拥有友谊,因为这是她们为之奋斗的东西。但事实是电视和社交媒体取代了人们在一起相处的时间。或者,工作忙碌并且要照顾孩子会成为她们没有很多朋友的借口。如果这是你的想法,请不要错过建立友谊的机会。拥有家庭和事业并不阻碍你交朋友。

如果你已经有一段时间没有将友谊列为优先考虑事项的话,我建议你今天就去做一些群策群力的事情。也许你可以给朋友打电话或发短信,让她知道她对你很重要。一条信息或一通电话不需要很长时间,但对友谊来说很有意义。伸出援助之手对你和她会产生影响。

我希望这一章的内容能让你明白，在生活中，你是如何看待友谊和朋友的。你很重要，你生命中的人也很重要。在其他人身上付出的时间和精力绝对不叫浪费。作为一个职场妈妈，你的成长过程需要培养各种友情。你还必须为你的朋友腾出时间，伸出援助之手，当你有困难需要帮助的时候，他们就会出现在你身边。

10

过自己喜欢的生活，做最好的自己

Stretched Too Thin

总觉得自己无所不能,任何事都要一肩挑。

职场妈妈很“累”,很大一个原因是她们不懂得示弱。

亲爱的职场妈妈们,

不要把社会期待当成自己的人生目标,

我们的目标是让自己活得快乐和幸福。

该放手时就放手、该示弱时软弱一点也无妨,

示弱不是软弱、不是不坚强,而是懂得借力、懂得依赖。

乔·拜登(Joe Biden)曾经许诺赠给我一本著作,最近,我听完了他写的有声读物《父亲》。在该书中,他讲述了他因儿子患癌症而痛失儿子的亲身经历。我还从来没有因为一本书而边读边流泪。拜登一家人彼此相亲相爱,当拜登生病时还一如既往地照顾他的儿子和兄弟,这让我深受感动。

让我印象最深刻的一件事情是乔·拜登当时是美国副总统,他的工作并没有阻止他成为一位了不起的父亲。他妥善地处理好了副总统的工作,为促进国际关系和平而不断努力,他还参加了各种活动,等等。在儿子需要帮助的时候,他仍然陪伴在儿子身边。此外,他的儿子以他为荣。他的儿子鼓励乔安心地工作。乔既要承担管理工作的职责,又要主动承担起护理患病儿子的责任,这种艰难,作为职场妈妈,我真的能体会到。无论在工作中发生了什么重要的情况,他总把家庭放在首位。

他的故事使我想起了我在调查过程中遇到的一段相似经历。一位母亲分享了她的亲身经历:

> 我所得到的最好建议是想象我的生活是一场玩水晶球的杂耍表演。我的一些球是玻璃球,另外一部分是橡皮球。如果我丢下橡皮球,然后再捡起来,它们不会发生任何变化。然而,一旦我的玻璃球掉在地上,它就破碎了,不管我怎么努力去修复它,永远不能复原。所以,关键是你需要确定哪个

球是玻璃球。

所以，当我们读完这本书的时候，我想知道，你的玻璃球里装的是什么东西？你生命中有什么东西，如果它们破碎了，就会毁掉你一生？

当你透过这面镜子来看待生活时，答案就显而易见了。我想大多数母亲都会说家庭是最易破碎，也是最有价值的一个玻璃球。这就是一个我们希望它毫发无伤的球。如果我们兼顾生活的责任的同时，也对这个珍贵的球给予最大的关注，我们的生活就会相安无事。

当我想起前面我们所讨论过的其他球，如工作、自我、家庭、婚姻、朋友时，我认为大家的答案可能会是多种多样的。

在我的生活中，其实，我们大家都是一个个玻璃球。我知道我必须要照顾好自己，这样，我才能陪伴在我爱的人身边。我要保护好自己的玻璃球，不能让它破碎。我当然不想破坏代表着我的婚姻和友谊的球。一旦丢下那些球，自然会是毁灭性的破坏。

但是我的家务事儿呢？它们全是橡皮球。我的工作呢？虽然我有时候把它当作一个玻璃球，但它是一个橡皮球。一位同事曾对我说"我们都是可替代的"，她说得对。我已经学会了不紧不慢地完成工作，因为我知道，尽管我很喜欢这份工作并引以为荣，但是，我的工作可不会这么善待我。

妮可·诺德曼(Nicole Nordeman)在演奏歌曲《遗产》时说过，人们说她的好话是一件很美好的事情，但"最终，在短暂受到这个世界的诱惑之后,我还想把我的帽子挂在更多的地方”。

我喜欢她说的那句话,她承认那些善意的话语及对她的认可是一件美好的事情,但在这一天结束以后,这些都变得不重要了。作为一位职场妈妈,你最大的目标就是要找到一种既能促进人际关系,又能让你满足于当前生活的节奏。对于一些职场妈妈而言,要想实现目标,你就必须做出一些实际的变化。比如,让家里的东西变得井然有序,更加温馨。对其他人来说,这就意味着你需要对工作划定界限。

在所有工作中,做一位好母亲是我们最难胜任的一项工作。当我们将工作作为优先事项而忽视母亲的光荣使命时,正如我们在这本书中所讨论的那样,事情往往会变得颇具挑战性!信奉以下真理有助于你过上幸福美满的生活:

①一切事情都有一个时间节点。我用这种观点来看待生活,真的让我的生活发生了变化。如果你把生活看作是由许多个节点组成的,你就不太可能因为生活和工作变得茫然不知所措。例如,如果我的工作正处于繁忙期,而且由于项目临近截止日期,我需要延长工作时间,我会提醒自己,这个项目有一个结束日期,我很快就会恢复到正常的工作时间。

②外出工作对你的家庭来说是一件好事,而不是一种负担。众所周知,我曾经因为工作而向家人道歉。一天早上,我丈夫叫我出去,他说:“你别道歉了。你在现在的工作岗位干得很好,我们全家人为你有工作而感到高兴。”他是说得对,有一份可以养家糊口的工作是件好

事。即使在你不想工作，只想待在家的日子里，请不要忽视你的工作，它能给你的生活带来好处。

③完美不是真实的生活状态。无论是你的家里，你的食物，还是你的衣柜，你都不能以社交媒体标准来衡量你的生活应该是什么样子。现实生活是不完美的。不要拿那些不切实际的标准来衡量你自己和你的生活方式，你越早意识到这一点，你就会越来越快乐。放轻松一点！不要再为一晚上把玩具清理干净而心烦意乱！不管那是什么样的事情，请换个思维来思考问题，让它顺其自然吧，你能做到吗？

④夫妻关系是我们最重要的关系。总有一天你的孩子会离开你们。你知道谁不会离开你吗？你的伴侣。努力维系你们的婚姻关系会变得非常重要，不要忽视彼此之间的感情。如果你觉得你们俩是黑夜中行驶的两艘船，那就请为你们的夫妻关系做出改变。你可以安排一个约会之夜，写一封深情的情书。

⑤你是个好妈妈。请大声地、骄傲地告诉大家，你的孩子是为你而不是为别人而生的，你是他们的母亲，你有责任引导他们、教育他们、了解他们，就像善待自己那样善待他们。事实上，你工作并不会阻碍你成为一位好母亲。你要相信一点，我是孩子们需要的母亲，我会不计后果地去爱他们，这样做只会给我的生活带来自由。我的工作、我的情绪、我的怪癖——所有这一切都属于我，这一切不会阻碍我成为他们需要的妈妈。

当我们读完这本书的时候，我要给你一个忠告：总有一天，你会认为因身兼多职而困扰不是什么大问题。在生活中,你需要承担许多责任,这些责任成为你生活的一部分。你有很多工作要做,但你的目标是,不要让这种感觉成为一种常态。作为一位职场妈妈,你需要加强人际关系,让全家人获得幸福,这样才能够过上幸福美满的生活。这种幸福体现在来自爱人的亲吻、目标的实现和对生活的满足。如果你可以活得更好,请竭尽所能地去实现。勇敢而激情澎湃地拥抱生活,追求你的梦想,好好关爱你的家人。

虽然我们的情况存在差异,但有一件事是相同的,那就是我们渴望过上充实而美好的生活。我希望这本书能为你提供一些建议和解决办法,促使你的生活变得更加美好。当你发现日常生活中的美丽时,每一天你都会深深地、自信地去呼吸空气,因为你知道你已经拥有了这一切,我会把最美的祝福献给你。

你值得拥有美好生活。你每天都能在工作中尽显才华,你很聪明、善良、热情。你的家人因为有你而感到幸运。所以,你需要知道这一点,相信这一点,并活在现实生活中。你是一盏灯,你每天都会在扮演不同角色的过程中发光。姐妹们,大胆追求自己的梦想,幸福美满的生活正在向你招手。

致　谢

致马修:如果没有你,我不可能完成这一次写作。感谢你对我们全家无微不至的关心和照顾,感谢你对我的信任以及你不断地鼓励与支持让我度过了最艰难的时期。你在我心中占据了一个重要的位置,你也成为我最安全的避风港。我会用我的一生去好好爱你。

致伊莱亚斯:你对知识的渴望激励着我,我想和你一起学习更多知识。感谢你那天使般的微笑和随和的待人态度。我很自豪能成为你的妈妈。

致阿德琳:你今年六岁了,我完全相信你会成为一个能够改变世界的女人。永远不要停止为不公正而战,敢于说出真相。你的满腔热情会伴随你永远。谢谢你的爱!

致埃兹拉:生下你是我们全家做出的最正确的决定。谢谢你给予我无数次的拥抱和亲吻。这些都是我一天中最美好的记忆。

致我的父母,里克(Rick)和戴比(Debbie):谢谢你们让我明白我努力工作的价值,也谢谢你们鼓励我尝试新事物。感谢你们在我十几岁的时候,既有效地完成了工作又陪伴我参加了所有的课外活动,你们的高效率工作为我树立了好榜样,至今让我难以置信。爸爸、妈妈,我爱你们!

致我亲爱的姐姐梅利莎:谢谢你每天打电话给我,而且鼓励我做真实的自我。我爱你! 永远的女汉子。

致桑迪(Sandy)姨妈:我很珍惜我们之间的亲情。感谢您一直听我倾诉,分享你的经历,并向我推荐好书。

致"职场妈妈平衡术"课程团队:你们所开设的这门课程为我顺利完成这本书奠定了坚实的基础。你们对网络课程的坚定信念鼓励了我,让我鼓足勇气向出版商咨询该课程能否出版成书。感谢你们每一次通过电子邮件和脸书如实地回答我提出的每一个问题,这些都为我本次写作提供了很好的素材。令我难以置信的是,你们能够身兼多职,是专业人士、妻子、母亲和朋友。

致妈妈创意团队:在这次活动过程中,你们的忠诚是我此生所收到的最谦卑的礼物。谢谢你们抽出时间阅读我的文章,给我发信息,并且对我如此忠诚,我深表感谢。

致我最亲爱的朋友们：在这次活动过程中，朋友圈的朋友们给予了我太多美好的祝福。非常感谢那些给予我无限支持的女性朋友们，尤其是安吉·史密斯、安·沃斯坎普、考特尼·奥丹尼尔、珍·哈特马克、利拉·拉森、莉莎·乔·贝克、林赛·莫雷诺和迈奎琳·史密斯。没有你们的支持，我不知道我的生活会是怎样。此外，我还要向我的一个老朋友——雷切尔·萨尔塞多深表感谢：你那深谋远虑的智慧和专业的编辑意见促使我把这本书修改得更好。

致我们足球班的朋友们，蒂姆和希琳·威廉姆斯，杰夫和考特尼·威廉姆斯以及马克·贝利：你们友好地对待我们全家人，这是赠予我们最伟大的礼物。谢谢你们给予我们及我们的孩子的关爱。

致我的博客朋友们，尤其是我们的“女孩部落”和“勇气写作团队”：你们是一个睿智、精明、强大的女性群体。博客在很多方面都改变了我的生活，但主要因为有诸如你们这样的女性群体存在。

致我的范德比尔特团队：感谢所有庆祝这个项目的人，从字幕到书籍设计，你们纷纷提出不同意见并给予了我莫大支持。对我们的读书俱乐部来说，这也算是一种特别的宣传。我很庆幸我们大家能成为同事和朋友。

致雷维尔团队,特别是珍、阿比、布里安娜和马克:你们的团结协作和奋发图强的精神不断激励我要更上一层楼。感谢你们承诺出版该书,并乐意帮我实现愿望。对我而言,你们是非常出色的出版合作伙伴。

致"选择团队":感谢你们对我和这本书的信任。我永远感激你们。

致珍妮·伯克:很难找到一位朋友兼经纪人的合作伙伴。我很高兴你能扮演好两个角色。感谢与你一同经历了高潮和低谷。找机会我们一起去意大利吧!

致读者们:感谢你们从百忙之中抽空阅读这本书。希望该书能够激励你继续追求你的激情,好好关爱你的家人。我们向别人展示爱是一种涟漪效应,它能真正影响世界,这种爱需要从家庭开始蔓延。

注 释

引 言

1. 2017 年 7 月，邮件采访

01 现在的生活也许不是你想要的

1. “职场妈妈平衡术”研发团队在 2016 年 7 月进行的调查，调查对象包括美国近 2000 名职场妈妈，她们的孩子都在 18 岁以下，受访者的回答如下：当被问到：“你工作吗？”68.3%的人说她们在外面工作，9.94%的人说她们在家工作，21.67%的人说她们两者兼而有之。

当被问到：“你一周工作几天”时，42.5%的人说他们每周工作 41 小时或更长时间，36.94%的人说他们每周工作 31~40 个小时，有 12.51%的人说她们每周工作 21~30 小时，7.44%的人说她们每周工作 10~20 小时。

当被问及“作为一名职业母亲，你觉得在哪些方面最难以兼顾时”，79.9%的人选择家务（清洁、烹饪等），78.05%的人选择照顾自己（爱好、锻炼、健康），65.65%的人选择婚姻、为配偶或其他重要的事情腾出时间，54.7%的人选择友谊、参与教堂或社区活动、社交活动，35.55%的人选择家庭责任，35.5%的人表示早退。

2. 2017 年 8 月，电话采访

3. 2017 年 8 月，电话采访

4. Sara Frankl, “Be Thankful—and Don’t Miss It,” (in)courage, November 8, 2014, http://www.incourage.me/2014/11/be-thankful-and-dont-miss-it.html.

02 成功只青睐有准备的人

1. “2017 Goal Setting, Part 4: Uncover Intentional Goals,” Lara Casey: Cultivate What Matters, December 29, 2017, http://laracasey.com/2016/12/29/2017-goal-setting-intentional-goals/.

2. Michael Hyatt, Your Best Year Ever: A 5-Step Plan for Achieving Your Most Important Goals (Grand Rapids: Baker Books, 2018), 107-18.

3. To learn more about Laura’s time-tracking techniques, check out her book 168 Hours: You Have More Time than You Think (New York: Portfolio, 2010).

03 开启探寻内心之旅

1. 2017 年 8 月,电话采访

2. Bill Farrel and Pam Farrel, “Understand How a Woman’s rain Is Like Spaghetti,” Focus on the Family, accessed March 8, 2018,

https://www.focusonthefamily.com/marriage/gods-design-for-marriage/why-are-men-like-waffles-why-are-women-like-spaghetti/understand-how-a-womans-brain-is-like-spaghetti.

3. 2017 年 8 月,电话采访

4. 2017 年 8 月,电话采访

5. 2017 年 8 月,电话采访

6. 2017 年 8 月,电话采访

7. Jen Hatmaker, Of Mess and Moxie: Wrangling Delight Out of This Wild and Glorious Life (Nashville: Thomas Nelson, 2017), 194.

8. 2017 年 9 月,邮件采访

9. 2017 年 9 月,邮件采访

10. 2017 年 9 月,邮件采访

11. 2017 年 8 月,电话采访

12. Marcus Buckingham, Find Your Strongest Life: What the Happiest and Most Successful Women Do Differently (Nashville: Thomas Nelson, 2009), 55.

04 爱别人,也要爱自己

1. 2017 年 8 月,电话采访

2. 2017 年 9 月,邮件采访

3. 2017 年 9 月,邮件采访

4. 2018 年 1 月,邮件采访

5. 2018 年 1 月,邮件采访

6. 2018 年 1 月,邮件采访

7. 2018 年 1 月,邮件采访

8. 2018 年 1 月,邮件采访

9. 2018 年 1 月,邮件采访

10. 2018 年 1 月,邮件采访

11. "Current Physical Activity Guidelines," Centers for Disease Control and Prevention, last updated November 29, 2016, https://www.cdc.gov/cancer/dcpc/prevention/policies_practices/physical_activity/guidelines.htm.

12. 2017 年 8 月,邮件采访

13. 2017 年 9 月,邮件采访

14. 2017 年 9 月，邮件采访

15. 2017 年 8 月，电话采访

16. “Organized Kitchen Drawers and Fridge,” Sunny Side Up, April 15. 2014, https://www.thesunnysideupblog.com/2014/04/organized-kitchen-drawers-and-fridge/.

17. “How Much Sleep Do We Really Need,” National Sleep Foundation, accessed March 8, 2018, https://sleepfoundation.org/excessive sleepiness/content/how-much-sleep-do-we-really-need-0.

18. Brené Brown, The Gifts of Imperfection: Let Go of Who You Think You're Supposed to Be and Embrace Who You Are (Center City, MN: Hazeldon Publishing, 2010), 69.

19. 2017 年八月，电话采访

20. 改编自“Getting Started with Mindfulness,” Mindful, accessed March 8, 2018, https://www.mindful.org/meditation/mindfulness-getting-started/.

05 爱生活，爱工作

1. Katharine Brooks, “Job, Career, Calling: Key to Happiness and Meaning at Work?” Psychology Today, June 29, 2012, https://www.psychologytoday.com/blog/career-transitions/201206/job-career-calling-key-happiness-and-meaning-work.

2. Sarah Jane Glynn, “Breadwinning Mothers Are Increasingly the U.S. Norm,” Center for American Progress, December 19, 2016, https://www.americanprogress.org/issues/women/reports/2016/12/19/295203/breadwinning-mothers-are-increasingly-the-u-s-norm/.

3. 2017 年 8 月，脸书采访

4. Carmen Nobel, "Children Beneft from Having a Working Mom," Harvard Business School, May 15, 2015, https: // www. hbs. edu/news/articles/Pages/mcginn-working-mom. aspx.

5. 2017 年 8 月，脸书采访

6. 2017 年八月，电话采访

7. Melissa Dahl, "If You Can't Have the Job You Love, Love the Job You Have," The Cut, April 11, 2016, https: // www. thecut. com/2016/04/if-you-cant-have-the-job-you-love-love-the-job-you-have. htm.

8. QuentinForttrell, "The Sad Reason Half of Americans Don't Take All Their Paid Vacation," Market Watch, May 28, 2017, https: // www. marketwatch. com/story/55-of-american-workers-dont-take-all-their-paid-vacation-2016-06-15.

9. 2017 年 8 月，邮件采访

10. 2017 年 8 月，邮件采访

11. Susan Sorenson, "Don't Pamper Employees—Engage Them," Gallup, July 2, 2013, http: // news. gallup. com/businessjournal/163316/don-pamper-employees-engage. aspx.

12. 2018 年 1 月，邮件采访

13. LauraVanderkam, I Know How She Does It: How Successful Women Make the Most of Their Time (New York: Portfolio, 2015), 244-47.

14. Steven Rosenfeld, "70 Percent of Americans 'Emotionally Disconnected'at Work: Shocking Poll Reveals Workforce Zombieland," Alternet, June 18, 2013,

https://www.alternet.org/corporate-accountability-and-workplace/70-percent-americans-are-emotionally-disconnected-work.

06 婚姻，是需要经营一辈子的事业

1. "Many Kinds of Intimacy," accessed March 8, 2018, http://www.ldysinger.com/THM_544_Marriage/09b_Hom_Controv/10_12-types-intimacy.htm.

2. 2017年8月，电话采访

3. "Employment Characteristics of Families—2015," Bureau of Labor Statistics, April 22, 2016, https://www.bls.gov/news.release/archives/famee_04222016.pdf.

4. 2017年8月，脸书采访

5. 2017年7月，当面采访

6. 2017年8月，电话采访

7. 2017年8月，电话采访

8. 2017年8月，当面采访

9. 2017年8月，电话采访

07 为人父母就是一场修行

1. Renee Peterson Trudeau, Nurturing the Soul of Your Family: 10 Ways to Reconnect and Find Peace in Everyday Life (Novato, CA: New World Library, 2013), xxii.

2. 2018年1月，邮件采访

3. 2017年9月，邮件采访

4. 2017年9月，邮件采访

5. 2017 年 9 月,当面采访

6. 2018 年 1 月,邮件采访

7. 2017 年 1 月,邮件采访

8. 2017 年 1 月,邮件采访

9. 2017 年 8 月,脸书采访

10. 2017 年 8 月,电话采访

11. 2017 年 8 月,电话采访

12. 2018 年 1 月,邮件采访

13. Harriet Lerner, PhD, Why Won't You Apologize? Healing Big Betrayals and Everyday Hurts (New York: Simon & Schuster, 2017), 175-76.

14. Lerner, Why Won't You Apologize? 97.

15. 2018 年 1 月,邮件采访

16. 2018 年 1 月,邮件采访

17. 改编自 Brené Brown, "The Gifts of Imperfect Parenting: A Wholehearted Revolution" e-course, Boundaries Session, offered 2017.

18. Brown, "The Gifts of Imperfect Parenting."

19. Shonda Rhimes, Year of Yes: How to Dance It Out, Stand in the Sun, and Be Your Own Person (New York: Simon & Schuster, 2015), 119.

08 打造温馨的家，安放所有美好

1. "Raising Kids and Running a Household: How Working Parents Share the Load," Pew Research Center, November 4, 2015, http://www.pewsocialtrends.org/2015/11/04/raising-kids-and-running-a-household-how-working-parents-share-the-load/.

2. BethTeitell, "Today's Families Are Prisoners of Their Own Clutter," Boston Globe, July 9, 2012, https://www.bostonglobe.com/lifestyle/2012/07/09/new-study-says-american-families-are-overwhelmed-clutter-rarely-eat-together-and-are-generally-stressed-out-about-all/G4VdOwzXNinxkMhKA1YtyO/story.html.

3. 2017 年 9 月，邮件采访

4. James Clear, "The 3 R's of Habit Change: How to Start New Habits That Actually Stick," James Clear website, accessed March 8, 2018, https://jamesclear.com/three-steps-habit-change, based on CharlesDuhigg, The Power of Habit: Why We Do What We Do in Life and Business (New York: Random House, 2012).

5. Shifrah Combiths, "Try the 'Complete the Cycle' Cleaning Method for Instant Results," Apartment Therapy, July 23, 2017, https://www.apartmenttherapy.com/try-complete-the-cycle-and-see-how-much-less-you-have-to-pick-up-221322.

6. 2017 年 9 月，邮件采访

7. 2017 年 9 月，邮件采访

8. "Joshua Becker Quotes," Goodreads, accessed March 8, 2018, https://www.goodreads.com/author/quotes/4397208.Joshua_Becker.

9. For more insight into Marie's philosophy, read The Life-Changing Magic of Tidying Up: The Japanese Art of Decluttering and Organizing (Berkeley, CA: Ten Speed Press, 2014).

10. 2017 年 9 月，邮件采访

11. 2017 年 9 月，邮件采访

12. Elizabeth Vargas, Between Breaths: A Memoir of Panic and Addiction (New York: Grand Central Publishing, 2016), 206-207.

13. "Care. com Survey Finds One in Four Working Moms Cry Alone at Least Once a Week," Care. com, October 23, 2014, https://www.care.com/press-release-carecom-finds-1-in-4-moms-cry-alone-once-a-week-p1186-q49877680.html.

14. 2017 年 9 月，电话采访

15. 2017 年 9 月，邮件采访

16. 2017 年 9 月，邮件采访

09 职场妈妈不是一座孤岛，我们也需要朋友

1. 2017 年 8 月，邮件采访

2. Ilan Mochari, "One Surprising Way to Boost Workplace Productivity," Inc. 500, April 18, 2016, https://www.inc.com/ilan-mochari/best-friend-at-work-oc-tanner-survey.html.

3. 2017 年 7 月，电话采访

4. 2017 年 7 月，电话采访

5. Christine Kopaczewski, "Front-Yard Friends," Good Housekeeping, June 2017, 59-60.

6. 2017 年 8 月，邮件采访

7. 2017 年 7 月，电话采访

8. 2017 年 7 月,电话采访

9. Tara Parker-Pope, "What Are Friends For? A Longer Life," New York Times, April 20, 2009, http://www.nytimes.com/2009/04/21/health/21well.html?_r=0.